普通高等教育工程训练系列教材

机械工程实训教程

第 2 版

主　编　王红军　韩凤霞
副主编　常　城　孟玲霞　王倪珂
参　编　王　楠　左云波　刘忠和　陈　晓

机械工业出版社

本书主要介绍工程训练中的基本理论及上机实践操作，是适应现代工程训练要求的实训教材。本书遵循"工程教育专业认证标准"的指导原则，突出培养学生的工程素养、职业道德和规范。全书共分为四篇十二章。绪论部分主要介绍工程实训的性质、对学生的要求、各工种的安全操作规程、工程实训的考核方案等；第一篇为金属材料的基本知识；第二篇为热加工技术训练，包括铸造、锻压、焊接；第三篇为冷加工技术训练，包括切削加工基础、车工、铣工、刨工、磨工、钳工；第四篇为现代制造技术训练，包括数控机床编程及加工、特种加工。

本书可供本科和高职高专机械类专业进行工程训练教学之用，也可供工程技术人员参考。

图书在版编目（CIP）数据

机械工程实训教程/王红军，韩凤霞主编. —2 版. —北京：机械工业出版社，2024.8

普通高等教育工程训练系列教材

ISBN 978-7-111-74920-2

Ⅰ.①机… Ⅱ.①王… ②韩… Ⅲ.①机械工程-高等学校-教材 Ⅳ.①TH

中国国家版本馆 CIP 数据核字（2024）第 105918 号

机械工业出版社（北京市百万庄大街 22 号　邮政编码 100037）
策划编辑：丁昕祯　　　　　　　责任编辑：丁昕祯
责任校对：张爱妮　陈立辉　　责任印制：任维东
河北鑫兆源印刷有限公司印刷
2024 年 8 月第 2 版第 1 次印刷
184mm×260mm · 13.75 印张 · 335 千字
标准书号：ISBN 978-7-111-74920-2
定价：49.80 元

电话服务　　　　　　　　　　网络服务
客服电话：010-88361066　　机 工 官 网：www.cmpbook.com
　　　　　010-88379833　　机 工 官 博：weibo.com/cmp1952
　　　　　010-68326294　　金 书 网：www.golden-book.com
封底无防伪标均为盗版　　机工教育服务网：www.cmpedu.com

前　言

　　机械工程实训是机械类或近机类等专业计划中的重要组成部分，是培养学生安全生产意识、工程意识、动手实践能力、理论知识应用能力、提高分析问题解决问题能力的重要环节，是绝大多数工科专业和部分理科专业的大学生必修课。为适应高等教育改革的形势，结合科学技术不断发展及长期以来在教育教学改革方面的研究成果，根据教育部工程训练教学指导委员会制定的《工程实训教学基本要求》和教育部"高等教育面向21世纪教学内容和课程体系改革计划"的要求，结合工程训练教学大纲以及作者多年的生产实践和金工实习的教学经验编写本书。书中内容采用新的产品几何技术规范、几何公差标注等国家标准以及国家标准的计量单位、名词术语、材料牌号等，力求联系实际、图文并茂、通俗易懂。

　　全书共分为四篇十二章。各章均编写了习题与思考题，充分体现工程训练教学内容的系统性，注重培养学生理论联系实际的意识，发挥学生的潜力，提高学生的创新意识。本书内容力求突出重点、精练实用，强调可操作性和便于自学，具有基础性、实践性和先进性，强调对学生工程实践能力、工程素质和创新思维的培养，突出工程应用。内容有利于学生动手能力和综合分析能力的提高。

　　本书由王红军教授负责全书筹划和统稿。王红军、韩凤霞任主编，常城、孟玲霞、王倪珂任副主编。王红军编写绪论，常城编写第一篇第一章，第二篇第二、三、四章，韩凤霞编写第三篇第五~十章，孟玲霞编写第四篇第十一章，王倪珂编写第四篇第十二章。参与本书编写工作的还有左云波、王楠、刘忠和、陈晓等。

　　本书的编写得到了北京信息科技大学教务处、北京信息科技大学机电工程学院、国家级实验教学示范中心（北京信息科技大学）、机电实习中心、现代测控技术教育部重点实验室多位老师的热情帮助，提出了不少宝贵意见。在此谨向他们表示衷心感谢！

　　本书参考了许多学者的资料和文献，在此向各位专家表示衷心感谢！

　　本书是在编者总结多年教学研究与科学研究、教学改革和教学实践的基础上编写而成的。由于编者水平和学识有限，书中难免存在不足和错误之处，敬请各位读者朋友批评指正！

编　者

于北京信息科技大学实验楼

目 录

第四篇　现代制造技术训练

绪　论

　　根据学校的定位和发展需要，以"大工程教育"思考为指导，注重课程群建设，结合学科特点及实践教学自身的规律，按照分层次、模块化、综合式、开放型的教学改革思路，系统构建了"三个层次"的实验与工程实践教学体系。分别是认知实训、基础实训和创新实训。

　　认知实训，主要针对低年级学生的知识背景，结合入学专业教育和专业导论课程，通过实物、展柜、展板、视频等资源，以参观、动手拆装、现场演示等方式，着重让学生建立起工程系统概念，初步了解工程材料的发展和作用、产品的设计制造过程，知道一台简单机电产品的组成要素，了解一种制备的制造过程和相关工程平台，并对现代企业管理流程和要求进行认识。同时也为后续课程的学习提供工程背景，激发学生的求知欲和对专业的认同感。并为面向工科类学生开设的创造学、机械设计、机械创新设计等课程提供现场教学和认识性实验。基础实训以培养学生初步工程能力和基本的工艺技能为主要目标。基础实训主要包括机械工程训练、电工电子技术训练等。机械工程训练内容包括：铸造、锻压、焊接、热处理、车削加工、铣削加工、磨削加工、钳工及数控车削、数控铣削、加工中心、数控电火花加工、数控线切割等。电工电子技术训练内容包括：安全用电、电路虚拟设计仿真训练、PLC控制、电子元器件性能参数测试、收音机安装调试、电子设计自动化（EDA）、PCB板快速制作、表面贴装技术训练等。

　　工程训练通过真实工程环境让学生了解设计、制造、检验、生产、质量、成本等生产过程和要素，了解与制造过程紧密相关的具体工艺与技术设备。通过实践，增强工程意识与基本技能。通过采用课内为主，课内外结合的方式进行以设计、工艺、制作在内的基础创新训练，因材施教，激发学生的兴趣与热情。

　　创新实训层次的综合工程项目训练以大工程为背景，在模拟生产环境中，通过采用"案例教学"进行工程项目综合实践，使学生掌握较为扎实的单元技术；通过不同单元的柔性组合，满足学生个性化学习的需要，培养学生系统、集成、科学地应用现代工程知识的能力和再创造能力。

　　通过工程实训，学生对基础工程和现代加工有了基本认识和熟悉，为专业学习打下了坚实基础。

第一节　机械工程实训基本知识

　　工程训练实践环节使学生通过系统的工程技术学习和工艺技术训练，提高工程意识、质量意识、安全意识、环保意识和动手能力。其包括机械制造过程认知实习、基本制造技术训练、先进制造技术训练、机电综合技术训练等。

对于较少接触机械制造工程环境的学生来说，工程训练不仅增加在大学学习阶段和今后工作中所需要的技能与基本工艺知识，而且在生产实践的特殊环境中通过接触工人、工程技术人员和生产管理人员，接受社会化生产的熏陶和思想品德教育、组织与安全教育，逐步认识和建立质量意识、安全意识、群体意识、经济意识、市场意识、环境意识、社会意识、创新意识和法律意识，增强劳动观念、集体观念、组织纪律性和敬业爱岗精神，提高综合素质。

一、机械工程实训的课程性质

理工科院校的工程训练中心（或工业培训中心）都设有铸造、锻造、焊接、热处理、车、铣、刨、磨、钳工和数控加工等训练工种。学生在各工种进行工程训练时，通过实际操作与练习，可以获得各种加工方法的感性认识，初步学会使用有关设备、工具、刀具、量具和夹具，并提高实践动手能力。

机械工程训练（又称为金工实习）是一门实践性较强的技术基础课，是研究机械零件常用材料加工方法的一门以实际操作训练为主的综合性技术基础课，是机械类、近机械类、相关专业等专业教学计划中的重要组成部分，是培养学生安全生产意识、工程意识、动手实践能力、理论知识应用能力、提高分析问题解决问题能力的重要环节。

通过实习，使学生熟悉机械制造的一般过程，掌握金属加工的主要工艺方法和工艺过程，熟悉各种设备和工具的安全操作使用方法；了解新工艺和新技术在机械制造中的使用；掌握对简单零件冷热加工方法选择和工艺分析的初步能力；培养学生认识图样、加工符号及了解技术条件的能力。通过实习，树立安全操作观念，做到安全实习；使学生获得初步的工程实践经验和初步的工程思维的训练；培养学生实践动手能力和应用创新能力。学生实习时应具备识图和绘图能力，一般安排在"机械制图"课程之后进行。

从培养高级机械工程应用型人才的全局出发，本课程为学习机械制造基础课程和其他后续专业课程奠定必要的基础，也为从事机械制造和设计方面的工作建立必需的实践基础。让学生养成热爱劳动、遵守纪律的好习惯，培养经济观点和理论联系实际的严谨作风。

1）知识上：完成车工、钳工和铣工等各工种的基本操作和学习相关金属工艺基础知识，使学生了解机械制造的一般过程，熟悉机械零件常用加工方法及所用设备结构原理，工夹量具的操作，具有独立完成简单零件加工制造的实践能力；使学生通过简单零件加工，巩固和加深机械制图等知识及其应用，提高对工艺过程的分析能力。熟悉有关的工程术语，了解主要技术文件。了解机械加工的新技术、新工艺。

2）能力上：以实际项目为载体学习车、钳工、铣、数控加工及特种加工基本的操作技能，对焊、铸、磨、刨有一定的操作体会。熟悉并遵守安全操作规程，建立必备的工业安全意识。对零件简单表面的加工，初步具有选择加工方法以及简单工艺分析的能力。通过以小组为单位，完成零件的加工与检测，培养学生的质量意识和团队合作精神。

3）认知上：通过金工实习，加强对学生专业动手能力的培养；促使学生养成发现问题、分析问题、运用所学过的知识和技能独立解决问题的能力和习惯；鼓励并着重培养学生的创新意识和创新能力；结合教学内容，培养学生的工程意识、产品意识、质量意识，提高其工程素质。

实习教学主要通过现场实践操作和课堂理论教学相结合的方式进行，以现场实践操作为主。课堂理论教学根据各工种需要与现场实践操作讲解穿插进行。

理论教学采用多媒体教学，主要介绍各工种工艺特点、主要装备结构和操作方法等，每个工种开始都以具体的工程项目引入。学生以小组为单位，以完成具体的项目为载体开展实践教学活动。

现场实践操作是实习的主要部分，由实习指导教师围绕学生有关操作的内容进行必要的示范演示及讲解，学生应预习实习教材的有关章节并在实习指导教师的辅导下认真完成所规定的内容。在完成零件的加工制作后，集中对学生完成的零件进行产品展示交流，目的是总结在实训过程中的收获和不足，使学生对问题的认识更加深刻、透彻，使学生体验展示带来的成就感，从而激发学生更大的学习主动性，提高学生工程意识和工作技能。通过实习指导教师的现场讲解、演示和讲座等教学环节，学生可了解到机械产品是用什么材料制造的，机械产品是怎样制造出来的，学到许多机械制造生产的基本工艺知识。

二、机械工程实训对学生的基本要求

机械工程实训是一门实践性很强的课程，它与一般的理论性课程不一样，主要的学习课堂不是教室而是在工程训练中心的实习车间。一般的工程训练中心（或工业培训中心）都有一套完整的管理制度，主要包括安全卫生制度、设备管理制度和设备操作规程等，这些管理制度归纳起来主要是为了防止发生人身安全和设备安全事故。

对学生的要求和应注意的事项主要有以下几点：

1）学生进行工程训练之前，必须接受有关纪律教育和安全教育，并以适当方式进行必要的考核，未经过纪律教育和安全教育的学生，不得参加实习。

2）严格遵守安全制度和所用设备的操作规程。上班要穿工作服（可穿军训时的服装）。实习时必须按工种要求穿戴防护用品，操作过程必须精神集中，不与别人闲谈。除在指定的设备上进行实习外，其他一切设备、工具未经同意不准私自动用。

3）明确实习目的和要求，虚心学习，认真听讲。应自觉预习实习教材的有关章节，掌握训练的基本内容；并应独立按要求完成所在工种布置的习题与思考题，巩固所学的基本知识。

4）必须听从实习指导教师的指导，尊重实习指导教师，团结同学。

5）严格遵守劳动纪律，上班时不得擅自离开实习岗位，不得在车间嬉戏、吸烟、阅读书刊和收听广播。

6）严格遵守考勤制度，不得迟到或早退。

7）爱护实习车间的工具、设备、劳动保护用品和一切公共财物，节约使用必需的消耗品（如棉纱、机油、砂布和肥皂等）。

8）文明实习，操作时所用工具、量具等物品应摆放合理、美观，下班时应收拾清理好工具、设备，打扫工作场地，保持工作环境整洁卫生。

9）学生在实习过程中，应爱护每一个工具和设备。如有损坏，应查清原因、分清责任后视其性质和情节轻重，按有关规定酌情赔偿或给予处分。

10）实习中如发生事故，应立即拉下电门或关上有关开关，并保护现场，报告实习指导教师，待查明原因，处理完毕后，方可继续实习。

第二节 机械工程实训的安全规定

工程训练中心是高校实践教学的重要基地，工业安全培训问题不仅影响到教学和科研活动的正常进行，还直接关系到师生员工的生命财产安全，并可能引发重大社会问题。因此，加强工程训练安全教育和管理，对于高校乃至全社会的安全和稳定都具有重要意义。

一、安全培训的目的

工业安全培训有两个目的，一是确保人身安全，设备安全；二是获得工业安全的基本知识。国家对工业安全十分重视，制定了相关法律，涉及安全生产的法律主要有：

《中华人民共和国宪法》对劳动保护做出了规定。主要内容有："国家通过各种途径，创造劳动就业条件，加强劳动保护，改善劳动条件，并在发展生产的基础上提高劳动报酬和福利待遇"。

《中华人民共和国刑法》规定了对违反有关安全管理规章制度，违反危险品管理规章制度，对不服从管理或因玩忽职守，导致发生特大事故，致使人员伤亡和财产损失的，将受到刑事处罚，最高刑罚可达七年徒刑。

《劳动法》是我国劳动工作的基本法，其中分别对工作时间和休息休假、劳动安全卫生、女职工和未成年工特殊保护方面做出了具体规定。同时对劳动者在劳动安全卫生方面享有的权利、义务加以保护，以及用人单位违反劳动安全卫生有关法规规定的，将受到经济处罚、停产整顿直至追究刑事责任。

机械设备是现代生活中各行各业不可缺少的生产设备，不仅工业生产要用到各种机械，其他行业也在不同程度上用到各种机械。在人类使用机械的过程中，由于设备的自身原因，如设计、制造、安装和维护存在缺陷；或者使用者的原因，如对设备性能不熟悉、操作不当、安全操作意识不足；还有作业场所的原因，如光线不足、场地狭窄等，使人处于被机械伤害的潜在危险之中。为防止和减少机械伤害的发生，需要制订完善的安全管理制度，并按照安全操作规程进行实际操作。

二、建立完善的安全管理制度

通过建立安全管理制度，进一步完善安全管理体系和安全岗位责任制；安全检查与整改；设备安全操作规程；事故处理与应急预案等。

第1条　建立规章制度（包括安全操作规程、应急预案、值班制度等），组织、督促相关人员做好安全工作；定期、不定期开展检查，并组织落实安全隐患整改；根据上级管理部门的有关通知，做好安全信息的汇总等工作。

第2条　水电安全管理

1）应使用断路器并配备必要的漏电保护器；电气设备应配备足够的用电功率和电线，不得超负荷使用；电气设备必须接地良好，对电线老化等隐患要定期检查并及时排除。

2）固定电源插座未经允许不得拆装、改线，不得乱接、乱拉电线，不得使用刀开关等。

3）除非工作需要，空调、计算机、电加热器、饮水机等不得在无人情况下开机过夜，并采取必要的安全保护措施。

4）一般不得使用明火电炉，如确因工作需要且无法用其他加热设备替代时，可以在做好安全防范措施的前提下向实验室处提出申请，经现场审核许可（文字记录备案）后方可使用。

5）要杜绝自来水龙头打开而无人监管的现象。

第3条　安全设施管理

具有潜在安全隐患的，须根据潜在危险因素配置消防器材（如灭火器、消防栓、防火门和防火闸等）、烟雾报警、监控系统、应急喷淋、危险气体报警、通风系统（必要时需加

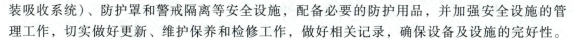

装吸收系统）、防护罩和警戒隔离等安全设施，配备必要的防护用品，并加强安全设施的管理工作，切实做好更新、维护保养和检修工作，做好相关记录，确保设备及设施的完好性。

第4条　内务管理

1）应建立卫生值日制度，保持清洁整齐，仪器及设备布局合理。要妥善处理和保管好材料和废弃物，及时清除室内外垃圾。

2）必须妥善管理好各种安全设施、消防器材和防盗装置，并定期进行检查；消防器材不得移作他用，周围禁止堆放杂物，保持消防通道畅通。

3）严禁在实验室区域内吸烟、烹饪、用膳。

4）配备必需的劳保、防护用品，以保证人员的安全和健康。

5）结束或离开时，必须按规定采取措施，并查看仪器设备、水、电、气和门窗关闭等情况。

第5条　安全隐患整改

发现存在安全隐患，要及时采取措施进行整改。发现严重安全隐患或一时无法解决的安全隐患，须向所在学院、保卫处报告，并采取措施积极进行整改。对安全隐患，任何单位和个人不得隐瞒不报或拖延上报。

第6条　发生意外事故，应立即启动应急预案，做好应急处置工作，保护好事故现场，并及时报告保卫处及实验室处。事故所在单位应写出事故报告，交保卫处及实验室处，并配合调查和处理。

第7条　对因各种原因造成安全事故的，将按照学校相关规定予以责任追究。

三、设备安全操作规程总则

1）按规定穿戴好劳动保护用品，工作时要扣好衣服的纽扣。在设备运作特别是高速旋转时，操作机械设备者不准戴手套，不准系围裙，不准扎围巾；女性要戴上工作帽，并把发辫塞入帽内；在工作现场不准穿高跟鞋或凉鞋。

2）上机工作前做好一切实验实训准备工作，要认真检查机械和电气的接地、防护、制动、保险、信号等装置是否良好有效；开关、手柄、摇把、零部件有无不正常的现象；油箱、油标、油杯的油量和润滑系统的油管是否畅通，并按设备润滑卡向油孔加油润滑。严禁起动不完好带病的设备或超负荷使用设备。

3）认真检查夹具、刀具、量具、模具和砂轮，看其安装校正是否正确，有无损坏，特别是砂轮有无裂纹的现象。严禁使用有缺陷的工、夹具和砂轮。

4）起动设备前要清理设备上的杂物，把所有的工、夹、量具和刃具，放到适当位置，用后要整齐地摆放在工具箱内。

5）使用压缩空气的夹具，其活塞杆的连接件必须紧固，气缸不能漏气。当压缩空气的工作压力不在规定压力范围内时，严禁作业。

6）测量工件尺寸、换料、对刀、调整设备、清扫设备时，必须停车进行。遇到突然停电时，手柄要立即放到空档位置，并切断电源。

7）设备起动后，不准擅自离开工作岗位，离开时，必须停车，并关闭电源和水、气阀门。起动或关闭电源时，要用手操作，不准用脚蹬。

8）采用齿轮变速机构的设备，在运转过程中，不许交换齿轮、变速。变速必须停车进行。

9）多人操作设备，必须由专人负责统一指挥，做到动作协调，保证安全作业。

10）设备起动前，必须认真检查各种手柄是否放在空档上，周围是否有人工作或参观，并告知相关人员必须站到安全位置，然后再起动设备。

11）设备在运转时不准加油，不准越过设备传递物件，不准用棉纱、擦布去擦加工中的工件，更不许将手伸向设备转动及往复部分，不准用不干净的擦布去擦机床的导轨和滑动面。

12）设备在使用过程中，如发现声音、温度、传动、进刀等有不正常的现象时，应立即停车检查，并及时报告有关人员，请维修人员来检查维修。

13）设备起动后，要空转 2min，待各部位运转正常后，再开始工作。工作中进刀、进砂轮或退刀、退砂轮时，不许停车。清除铁屑、磨屑等废料废物时，要用铁钩或专用工具，严禁用手直接去清除。

14）安全防护和保险装置不齐全、不灵敏的设备，不准起动。

15）禁止非机修人员，私自拆卸机、电设备。

16）加工中的成品、半成品、废品要整齐地排放在规定的安全位置，堆放不要过高，严禁乱扔乱放。

17）在工作场地，严禁打闹玩耍。

18）清扫设备或打扫环境卫生时，严禁用汽油擦物料、擦设备，或把废汽油倒入下水道。

19）一旦发生事故要及时抢救，并保护好现场，及时报告学校有关部门。

20）作业结束后，必须关闭电源和水、气阀门，把操作手柄放在空档位置。

第三节　机械加工设备的安全操作规程

一、金属切削机床安全操作规程

1. 卧式车床安全操作规程

1）操作者必须熟悉机床的一般性能结构、传动系统，严禁超性能使用。

2）工作前检查各手柄是否在规定的空位上。

3）按机床润滑图表规定加油，检查油标、油量及油路是否畅通。保持润滑系统清洁，油杯、油眼不得敞开。

4）装卸卡盘或较重的工件、夹具时，应在床面上垫好木板。

5）装夹工件要牢固可靠，禁止在顶尖上或床身导轨上校正工件和锤击卡盘上工件，以免损坏机床及影响加工精度。

6）普通车削走刀应使用光杠，只有车削螺纹时才用丝杠。

7）加工铸件时，必须将铸件表面清理干净。

8）使用自动走刀时，应先检查互锁或自停机构是否正确灵敏。

9）使用中心架、跟刀架及锥度附件时，与工件接触面及滑动部位应保持润滑良好。各部位的定位螺钉要拧紧。

10）使用顶尖工作时必须注意：①使用顶尖顶重型工件时，顶尖伸出部分不得超过全长的 1/3，一般工件不得超过 1/2；②不准使用锥度不合要求或磨损、缺裂的顶尖进行工作；③紧固好尾座及套筒螺钉；④起动前先在顶尖处加油，运转中要保持润滑良好；⑤工作中有过热或发响时要调整顶尖距离。

11）切削时必须注意：①安装切削罩；②要有断屑装置；③使用回转顶尖；④工、夹具和工件要紧固牢靠。

12）工作完毕后，应将溜板箱及尾座移到床身尾端。各手柄放在非工作位置上。清扫机床，保持清洁，并在导轨上涂油防锈。

13）机床上各类部件及防护装置不得随意拆除，附件要妥善保管，保存完好。

14）机床若发生异常现象或故障，应立即停机排除，并通知维修人员处理。

2. 立式车床安全操作规程

1）操作者必须熟悉机床的一般性能结构、传动系统，严禁超性能使用。

2）起动前先按润滑图表规定加油，检查油路、油杯、油量，查明油质是否良好，油路是否畅通。

3）起动前检查各部情况是否正常，各手柄是否在规定位置。

4）起动液压泵、挂档、离合器接合后，信号灯不亮时不准起动工作台。

5）横梁上升、下降前，必须先用手压油泵润滑导轨及升降螺母。

6）工作前应先低速空运转 3～5min，检查有无异常。

7）横梁升、降完毕后应及时夹紧。各刀架的移动应在横梁夹紧之后进行。横梁每次下降后应再提升 20～30mm。

8）用两个刀架同时切削时，应特别注意工件的高度、外径及夹紧力、切削力的情况。

9）必须避免将回转刀台及侧刀架在滑枕上伸出过长。当用回转刀台切削且切削量大时，横梁应尽量降低。

10）刀具未退离工件前，不准停止工作台转动；工作台未完全停转前，不得进行变速与升降横梁。

11）装卸工件或吊运工件接近机床时，操作者应与吊车工紧密配合，遵守挂钩安全规程。

12）机床若出现不正常现象或发生故障，应立即停机排除，或通知维修人员处理。

13）工作完毕应将各部手柄放于非工作位置，清扫机床，并切断电源。

14）经常保持机床整洁和完好，防止锈蚀。

3. 普通数控车床安全操作规程

1）操作者必须熟悉机床的一般性能结构、传动原理及控制程序，严禁超性能使用。

2）起动设备前，应按规定查明电气控制是否正常，各开关、手柄是否在规定位置，润滑油路是否畅通，油质是否良好，并按规定要求加足润滑油料。

3）起动时应先低速空运转 3～5min，查看各部运转是否正常。

4）起动时应先注意液压系统的调整：总系统的工作压力必须在额定压力范围内，主轴自动变速液压系统的工作压力均在规定范围内。

5）进行加工前，必须先进行 X、Z 两个方向手动操作，待液压系统达到正常快速运行后方可加工。

6）加工零件前，必须严格检查机床原点、刀具数据是否正常。

7）光电阅读机灯泡及聚光镜每日都应用绒布擦拭，保持清洁，以免误读。

8）液压系统温度超过规定报警时，应停止起动机床。

9）加工过程中操作者不得擅自离开机床，防止由于计算机误控造成工件报废或机床事故。

10）加工铸铁件时，应先将工件清理干净，并将机床导轨面上的油擦净。

11）工作中出现不正常现象或发生故障时，应立即停机排除，或通知维修人员检修。

12）经常保持机床整洁、完好；妥善保管附件，不得丢失、锈损。

4. 数控自动车床安全操作规程

1）操作者必须熟悉机床使用说明书和机床的一般性能结构，严禁超性能使用。

2）起动前应按设备规定检查机床各部分是否完整、正常，机床的安全防护装置是否牢靠。

3）按润滑图表规定加油，检查油标、油量、油质及油路是否畅通，保持润滑系统清洁，油箱、油眼不得敞开。

4）操作者必须严格按数控自动车床操作步骤操作机床，未经操作者同意，不许其他人员私自起动。

5）按动各按键时用力应适度，不得用力拍打键盘、按键和显示屏。

6）禁止敲打中心架、顶尖、刀架和导轨。

7）机床发生故障或不正常现象时，应立即停车检查、排除。

8）工作完毕后，应使机床各部处于原始状态，并切断电源。

9）妥善保管机床附件，保持机床整洁、完好。

10）做好机床的清扫工作。保持清洁，认真执行交接班手续，填好交接班记录。

5. 立式钻床安全操作规程

1）操作者要熟悉机床的一般性能和结构，禁止超性能使用。

2）起动前要按润滑图表规定加油，检查油标、油量及油路是否畅通，保持润滑系统清洁。并检查各手柄位置，操纵机构是否灵活、可靠。

3）工件必须牢固夹持在工作台或座钳上，钻通孔时工件下一定要放垫块，以免钻伤工作台面。

4）装钻头时要把锥柄和锥孔擦拭干净，卸钻头时要用规定工具，不得随意敲打。

5）钻孔直径不得超过钻床额定的最大钻孔直径。

6）加工工件时，各部均应锁紧，钻头未退出工件时不准停机。

7）操作者离开机床、变速、调整、更换工件及钻头、清扫机床时，均应停机。

8）机床发生故障或出现不正常现象时，应立即停机排除。

9）作业结束时要将各手柄放在非工作位置，切断电源，将机床清扫干净，保持清洁。

6. 磨床安全操作规程

1）操作者必须熟悉机床的性能结构、传统系统，凭操作证操作，严禁超性能使用。

2）起动前按规定检查机床和按规定加油，盖好油孔，保持油标清晰。检查油压、油路、油量是否正常，油质是否良好。

3）严格检查砂轮情况，及时调整砂轮平衡，如有裂纹或残缺，应立即更换。

4）安装砂轮时，应在砂轮与法兰盘之间垫以垫片，均匀夹牢，再通过静平衡，然后装上机床空运转 5~10min，确无问题后才能开始工作。

5）砂轮修整器的金刚石必须尖锐，修整砂轮时，背吃刀量在粗削时最大为 0.05mm，精削时最大为 0.02mm，并用切削液冷却。严禁用手持金刚石修整砂轮。

6）在磁盘上装放工件时，一定要先退磁，安放工件后要检查磁盘吸附工件是否牢固，且不得磕碰磁盘台面。禁止在磁盘上敲打或校直工件。

7）加工磨削的工件必须有已加工的基准面，禁止磨削毛坯。磁盘吸附较高工件时，必须加上高度适当的靠板；底面较小的工件要接触在一个抗磁圈上，为防止旁侧移动，必须在台面上放专用挡环。磨削斜度时，无论用斜铁或小台虎钳，均需夹牢工件。

8）开始工作时砂轮是冷的，应缓慢地送刀使其逐渐升温，以免发生破裂。

9）起动砂轮时，应把液压传动开关手柄放在"停止"位置，调速手柄放在"低速"位置，砂轮快速移动手柄放在"后退"位置。

10）保持液压系统的正常工作压力，防止系统内进入空气，注意不使切削液混入液压系统内，经常保持油液清洁，油质良好。

11）使用工作台变速手轮时，必须放在应有的位置，以免损坏传动齿轮。

12）发现操纵手轮、手闸、变速手柄失灵时，不得加力扳动。当出现运转异常声响、轴承或油压高热、砂轮运转不正常等现象时，应立即停车，通知维修工人检修。

13）砂轮磨损或被磨工件碰伤砂轮时，必须更换新砂轮。

14）工作完毕后，应将砂轮空运转 2min 以上，使其干燥。电磁盘未断电时，不得强行拆卸工件。

15）下班前须将各手柄放在非工作位置，切断电源，清扫砂轮罩内污垢、砂粒及机床各部，保持机床清洁、完整，并做好交接班工作。

7. 铣床安全操作规程

1）操作者要熟悉机床的一般性能结构、传动系统，严禁超负荷使用。

2）起动前应按润滑图表规定加油，检查油标、油量是否正常，油路是否畅通，保持润滑系统清洁、润滑良好。

3）检查各手柄是否在规定位置，操纵是否灵活。如停车在 8h 以上，应先低速空运转 3~5min，使各系统运转正常后再使用。

4）安放分度头、台虎钳或较重夹具时，要轻取轻放，以免碰伤台面。

5）所用刀杆应清洁，夹紧垫圈端面要平行并与轴线垂直。

6）夹装工件、铣刀必须牢固，螺栓螺母不得有滑牙或松动现象。换刀杆时必须将拉杆螺母拧紧。切削前应先空转试验，确认无误后再进行切削加工。

7）工作台移动之前，必须先松固定螺钉。工作台不移动时，应将固定螺钉紧好，以防切削时工作台振动。

8）自动走刀时必须使用定位保险装置。快速行程时应将手柄位置对准，并注意工作台移动，防止发生碰撞事故。

9）切削中刀具未退出工件时不准停车，停车时应先停止进刀，后停主轴。

10）操作者离开机床、变换速度、更换刀具、测量尺寸、调整工件时，都应停车。

11）机床发生故障或出现不正常现象时，应立即停机排除。

12）机床上的各类部件、安全防护装置不得任意拆除。所有附件均应妥善保管，保持完整、良好。

13）工作完毕时，应将工作台移至中间位置，各手柄放在非工作位置，切断电源，清扫机床，保持整洁、完好。

二、电火花机床安全操作规程

1) 操作者必须熟悉机床性能和结构，能熟练进行操作，并经考试合格后凭操作证使用，严格遵守安全规定。

2) 操作室内禁止烟火，非操作人员不准进入或随便动用设备。

3) 班前应按规定加油，做好设备润滑工作。

4) 起动机床前应做好以下准备工作：认真检查各旋钮和开关的原始位置是否正确；检查工件和电极是否接触，以免短路烧伤工件；检查信号控制线路是否接触良好。

5) 机床起动时应注意：合上电源开关，查看指示灯是否已亮，风扇是否转动，并听有无异常声响；对供电的脉冲电源，待预热达到规定时间后，高压指示灯亮，方可升高电压；检查所有的电压表和电流表的指示是否正确；对主轴头进给速度要按不同的加工工艺进行调整，主轴动作要灵活。

6) 加工中的注意事项：准备工作就绪后，将间隙电压送上，再调一下进给速度方可进行加工；加工中应认真查看电压表和电流表，如指示异常或摆动过大则应停机；选择加工规范时，必须将间隙电压停掉，待改换后再送电，不得在加工中直接切换；加工时间隙应冒灰白色烟，如变为浅白色则有烧伤现象，应立即停机检查；加工过程中操作者不得离开现场，要认真注意机床加工情况；有条件的情况下，定期应用示波器查看脉冲波形、宽度、间隙，并认真记录；严禁任何人用手触动电极；要及时用风机排除工作中分解出的有毒气体。

7) 停机时的注意事项：先将工件与电板脱开，将主轴头升起并锁紧；停电源、工作液及总停开关；有水冷的设备，必须在起动前送水，停机后再停水；停机后要认真检查一遍，以免有其他隐患；操作者不得乱动电器元件，或随意打开机床配电箱门，以免触电或造成事故；发生问题应立即停机并找维修工检修；完成作业时，应切断电源，做好机床擦拭、清扫场地等工作。

三、数控线切割机安全操作规程

1) 操作者必须熟悉机床的性能和结构，掌握操作程序，并经考试合格取得操作证，严格遵守安全规定和操作规程，禁止无证操作设备。

2) 操作室内禁止烟火，非指定人员不准进入室内或随便动用设备。室内应有安全防火措施。

3) 起动机床前应先做好以下工作：①检查机床各部是否完好，调整水平精度，紧固地脚螺钉。按照润滑规定加足润滑油和在工作液箱盛满皂化油水溶液，并保持清洁。检查各管道接头是否牢靠。②检查机床与控制箱的连接线是否接好，输入信号是否与拖板移动方向一致，并将高频脉冲电源调好。③检查工作台的纵横移动行程是否灵活，滚丝筒拖板往复移动是否灵活，并将滚丝筒拖板移至行程开关在两挡板的中间位置。行程开关挡块要调在需要的范围内，以免起动时滚丝筒拖板冲出造成脱丝。必须在滚丝筒移动到中间位置时，才能关滚丝筒电动机，切勿在将要换向时关断，以免因惯性作用使滚丝筒拖板继续移动而冲断钼丝，甚至丝杠螺母脱丝。上述各项检查无误后，方可起动。

4) 在滚丝筒上绕钼丝（电极丝）。自动绕丝的步骤与方法如下：①将绕丝电动机（带小齿轮）装在滚丝筒前方专用孔中，定位后（要注意小齿轮与内部大齿轮啮合）把螺母拧紧，即可将插头插入电气板上相应的插座中。这时如起动绕丝电动机，即可带动滚丝筒慢速旋转。②将绕丝盘装于可逆电动机上，用手柄将滚丝筒摇至（靠近操作面板方向）最前方，并将排丝杠旋出 90°，使其垂直于滚丝筒轴线。③将丝盘中钼丝拉出，沿排丝导轮、滚丝筒、上导轮、下导轮，再固定于滚丝筒一端的螺钉上。

注意：绕好的钼丝必须是安在导轮槽内并保持一定张力，钼丝应从高频导电块上面滑过，接触良好，并使有一定压力。导电块应经常擦拭清洁，使用一定时期后会磨损出槽来，这时可将导电块移动一个位置，以免钼丝嵌入导电块磨损的沟槽内而造成断丝。

5）安装工件。将需切割的工件置于安装台上用压板螺钉固定。在切割整个型腔时，工件和安装台不能碰着线架；若切割凹模，则应在安装钼线时将钼丝穿过工件上的预留孔，经找正后才能切割。

6）切割工件时，先起动滚丝筒，按走丝按钮，待导轮转动后再起动工作液电动机，打开工作液阀。

7）钼丝运动和输送工作液后，即可接通高频电源，可按加工要求和具体情况选择高频电源规格。如需在切割中途停车或加工完毕停车时，必须先关变频，切断高频电源，再关工作液泵，待导轮上工作液甩掉后，最后关断滚丝筒电动机。

8）工作液应保持清洁，管道畅通。为减少工作液中的电蚀物，可在工作台面及回水槽和工作液箱内放置泡沫塑料进行过滤，并定期清洗工作液箱、过滤器，更换工作液。

9）经常保持工作台拖板、滚珠丝杠及滚动导轨的清洁，切勿使灰尘等落入，以免影响运动精度。

10）如果滚丝筒在换向转动时有抖丝或振动情况，应立即停止使用，检查有关零件是否松动，并及时调整。

11）定期用煤油射入导轮轴承内，以保持清洁和使用寿命。

12）要特别注意对控制台装置的精心维护，保持清洁。

13）操作者不得乱动电器元件和控制台装置，发现问题应立即停机，通知维修人员检修。

14）控制台的电源使用顺序：①接通外电源。开启总电源开关，为直流电源的接通做准备。②接通直流电源。开启直流电源开关，此时要检查表示电压值是否符合要求，如不符，可通过微调旋钮调整。③接通计算机电源。首先开启显示器开关，再开电接口扩展器开关，然后开磁盘驱动器开关，将磁盘插入磁盘驱动器。最后打开主机（键盘）开关。④关机时首先取出磁盘，然后按开机相反的顺序关断电源。

15）机床电器开停顺序：①接通机床外接电源；②开转换开关；③开机床控制面板上的 1A 开关；④开走丝电动机（M1）；⑤开冷却泵（工作液泵）电动机（M2）；⑥开高频；⑦开数控箱；⑧开变频，操作者根据加工要求调频（粗调和精调）使变频均匀；⑨加工完毕后，按开机相反的顺序依次关停。

16）工作结束时要切断电源，擦拭机床和控制的全部装置，保持整洁，并用罩将计算机全部罩好。清扫工作场地（要避免灰尘飞扬），特别是机床的导轨滑动面要擦干净，并涂油防锈。要认真做好运行记录。

四、电气设备（设备电气部分）安全操作规程

1）保持设备清洁。

① 必须保持电气设备与设施的清洁整齐，在电动机、配电箱、开关、灯具、磁盘和蛇

皮管上应没有尘埃、油垢。

② 防止润滑油、切削液、铁屑等进入配电箱、接线盒和按钮内。

③ 配电箱门、接线盒盖应紧闭，不能敞开。

2）设备起动前应检查以下情况：

① 了解上一次设备运转的情况。

② 检查有无妨碍电动机运转的障碍物。

③ 照明灯具是否完好，导线敞露部分有无破损。

④ 有直流电动机时，其励磁调节电阻手柄位置是否放在零位。

⑤ 电气设备及其导线附近有无易燃物品及其他能损害设备和引起火灾的物品。

3）设备起动时的注意事项：

① 检查电源指示灯是否正常。

② 不允许用木棍或其他物件去接通按钮和开关，更不许用脚踢。

③ 电动机应在无负荷下起动。

④ 按下按钮后如电动机不转，应立即按下停止按钮，关闭电源，找值班电工检修，以免烧坏电动机。

⑤ 开直流电动机时，先将调节电阻手柄向逆时针方向转到头，起动后再顺时针方向转动，直至转速达到需要值为止。

4）设备运行中应注意的问题：

① 电动机有无过热、异常振动和不正常声响。

② 配电箱内的启动器有无噪声。

③ 电动机轴承、磁盘有无过热现象。

④ 直流电动机换向器的火花大小。

⑤ 导线有无松动和摩擦现象。

⑥ 工作指示灯是否正常。

5）设备停止时应注意的问题：

① 停车应在电动机没有负荷的情况下进行。

② 检查电气设施有无异常现象。

③ 所有电动机停止运转后，要切断电源。

6）设备使用局部照明时必须注意：

① 装在刀架上的照明灯，在移动刀架时要保护好导线和蛇皮管，防止损坏。

② 灯泡的功率不许超过规定值。

③ 换新灯泡时不能拧得太紧和过松。

④ 转动灯架时应先把灯杆座上螺母松开，到位后再拧紧螺母。

⑤ 防止油和冷却液落到灯泡上。

7）使用冷却泵时必须注意：

① 切削液的过滤装置应完好，严禁铁屑或污物进入切削液箱内。

② 电动机距离切削液箱应有一定高度，防止切削液进入电动机内。

③ 冷却泵暂不使用时，要关闭冷却泵电动机电源及阀门。

④ 注意电动机有无发热和不正常声响，如有异常应立即关闭电源，通知电工检修。

8）要经常保持动力配电箱、设备配电柜、开关箱、磁力启动器的清洁、完好，不得随意打开箱、柜门盖，不得在门前和箱、柜上放置其他物品，所有箱、柜应固定牢靠。

9）设备的电源线不可受到油、水、汽的侵蚀，也不能有动荡或摩擦现象发生。所有接地线路应保持良好，不得松动。

10）若发生故障，如电动机、磁盘过热或有异常噪声，线路和配电箱冒烟或其他不正常现象时，应立即关闭电源，找值班电工检修。若发生较大事故如电动机烧坏等，应立即停机，切断电源，保护现场，找值班电工检查分析，找出原因排除故障。

第四节　机械工程实训考核方案

针对不同的专业，机械工程实训具有不同的考核方案，具体如下：

1. 机械类相关专业的考核方案

对于机械类专业的实训成绩由实践成绩和考试成绩组成。

① 实践成绩占总成绩的70%，结合实习期间的纪律和态度，根据实操成绩和完成实习报告情况进行综合评定。实操成绩占35%，实习报告成绩占21%，平时成绩占14%（安全事故、设备维护、工具完好、出勤、卫生、服从管理、文明整洁）。

② 考试成绩占总成绩的30%。从实习中心的试题库中随机抽取试卷进行开卷考试。

2. 非机械类的考核方案

对于非机械类专业的实训成绩由实践成绩给定。

实操成绩占50%（零件质量、劳动纪律和劳动态度），实习报告成绩占30%，平时成绩占20%（安全事故、设备维护、工具完好、出勤、卫生、服从管理、文明整洁）。

第一篇

金属材料的基本知识

第一章

金属材料及其热处理

第一节 概　述

一、材料的作用和地位

材料是人类生产和社会发展的重要物质基础。任何的生产和制造都离不开原材料。从原始时期的石器时代开始，在经历了青铜时代和铁器时代，将人类带入农业社会。18世纪钢铁时代的来临，造就了工业社会的文明。近百年来，随着科学技术的迅猛发展和社会需求，新材料更是层出不穷，出现了"高分子材料时代""半导体材料时代""先进陶瓷材料时代""复合材料时代""人工合成材料时代"和"纳米材料时代"。材料、能源与信息是构建现代文明的三大支柱，而材料又是一切现代工程技术的基础和源泉。

二、工程材料的分类

工程材料是指工程上使用的材料，要具有一定的性能，在特定条件下能够发挥某种功能，被用来制取零件和元器件的材料。其种类繁多，有许多不同的分类方法。

1. 按材料的化学成分和结合键的特点进行分类

（1）金属材料

$$
\text{金属材料}\begin{cases}
\text{黑色金属}\begin{cases}\text{钢}\ [0.0218\%<w(C)\leqslant2.11\%]\\\text{铸铁}\ [2.11\%<w(C)]\end{cases}\\
\text{有色金属}\begin{cases}\text{轻金属}\ (\rho\leqslant5\times10^3\,\text{kg/m}^3,\ \text{如铝、锂、镁等})\\\text{重金属}\ (\rho>5\times10^3\,\text{kg/m}^3,\ \text{如铜、锌等})\\\text{贵金属}\ (\text{如金、银、铂、铑等})\\\text{稀有金属}\ (\text{如钛、锆等})\\\text{放射性金属}\ (\text{如铀、镭等})\end{cases}
\end{cases}
$$

（2）无机非金属材料（硅酸盐材料）

$$
\text{以硅酸盐矿物为主要原料}\begin{cases}\text{水泥}\\\text{玻璃}\\\text{陶瓷}\\\text{耐火材料}\end{cases}
$$

（3）高分子材料

$$
\text{高分子材料}\begin{cases}\text{天然高分子材料}\ (\text{如蛋白质、淀粉、纤维素等})\\\text{人工合成高分子材料}\ (\text{如合成塑料、合成橡胶、合成纤维、胶黏剂等})\end{cases}
$$

（4）复合材料　将两种（或两种以上）具有不同性质或不同组织结构的材料以微观或宏观的形式组合在一起而构成的材料，它不仅保留了组成材料各自的优点，而且具有单一材料所不具备的优良性能。

$$复合材料\begin{cases}按基体材料分：金属基、树脂基、陶瓷基\\按增强材料分：纤维、无机化合物颗粒\end{cases}$$

2. 按照材料的使用性能分类

（1）结构材料　以强度、硬度、刚度、塑性、韧性、疲劳强度和耐磨性等力学性能为指标，用来制造承受载荷、传递动力的零件和构件（如桥梁、齿轮、传动轴和各种工具等）的材料。

（2）功能材料　以声、光、电、磁、热等物理性能为指标，用来制造具有特殊性能的元器件的材料（如电线、测温热电偶、硅钢片和形状记忆合金等），一般不承受或承受很小的力。

第二节　金属材料的力学性能

金属材料的性能包括使用性能和工艺性能。使用性能是指金属材料在使用过程中应具备的性能，包括力学性能、物理性能和化学性能等。工艺性能是指金属材料从冶炼到零件的生产过程中，为适应各种加工工艺（如冶炼、铸造、冷热压力加工、焊接、切削加工和热处理等）应具备的性能。

金属材料的力学性能是指材料在各种载荷的作用下所表现出来的抵抗变形和断裂的能力，是机械设计、材料选择、工艺评定和材料检验的主要依据。

1. 金属材料所受载荷

金属材料在加工和使用过程中所受到的外力称为载荷，按外力的作用性质，常分为静载荷、冲击载荷和变动载荷三种。

（1）静载荷　静载荷是指力的大小不变或变化很慢的载荷。如机床的主轴箱对机床床身的压力等。

（2）冲击载荷　冲击载荷是指在很短的时间内（或突然）施加在构件上的载荷，其特点是加速度快、作用时间短。如空气锤锤头下落时锤杆所受的载荷，金属压力加工（锻造和冲压）时对冲模的载荷等。

（3）变动载荷　变动载荷是指载荷大小及方向随时间变化的载荷。工程中很多机件都是在变动载荷下工作的，如曲轴、连杆、齿轮、弹簧及桥梁等。

根据作用形式的不同，载荷又可分为拉伸载荷、压缩载荷、弯曲载荷、剪切载荷和扭转载荷等，如图1-1所示。

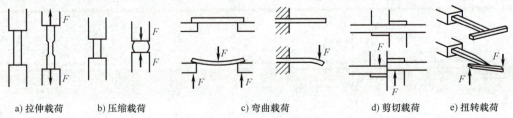

a) 拉伸载荷　　b) 压缩载荷　　　c) 弯曲载荷　　　d) 剪切载荷　　e) 扭转载荷

图 1-1　载荷的作用形式

2. 内力与内应力

材料受外力作用时，为保持自身形状尺寸不变，在材料内部作用着与外力相对抗的力，称为内力。内力的大小与外力相等，方向相反，和外力保持平衡。单位面积上的内力称为内应力。

3. 变形

变形是指材料在受外力作用时发生的尺寸和形状的变化，通常包括弹性变形和塑性变形两种。

（1）弹性变形　材料在载荷作用下发生变形，而当载荷卸除后，变形也完全消失，这种能够完全恢复的变形称为弹性变形。

（2）塑性变形　材料在外力作用下产生的变形，在外力去除后也不能恢复的那部分变形称为塑性变形。当用在材料上的载荷超过某一限度时，如卸除载荷，弹性变形部分随之消失，而留下了不能消失的塑性变形部分。

4. 常用的力学性能指标

常用的力学性能指标有刚度、强度、塑性、硬度、韧性和疲劳强度等，它们是衡量材料性能和决定材料应用范围的重要指标。

（1）拉伸试验　材料的刚度、强度和塑性可以通过拉伸试验测得。

拉伸试验是将材料按照标准加工成标准试样，如图1-2所示。在拉伸试验机上对试样沿轴向缓慢施加拉伸力，得到拉伸力 F-伸长量 ΔL 的关系曲线，为了消除试验尺寸的影响，可将拉伸力 F 除以试样的原始横截面积 A_0 得到拉应力 σ，用试样的伸长量 ΔL 除以试样的原始长度 L_0 得到应变 ε，即得到工程上的应力-应变曲线，图1-3所示为退火低碳钢和铸铁的工程应力-应变曲线。

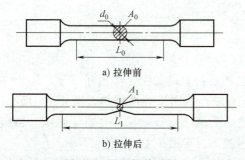

a）拉伸前

b）拉伸后

图1-2　圆形拉伸试样

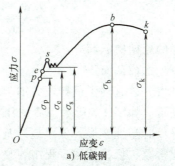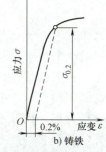

a）低碳钢

b）铸铁

图1-3　退火低碳钢和铸铁的工程应力-应变曲线

（2）弹性与刚度　如图1-3a所示，若加载后的应力不超过 σ_e，则该曲线为一段直线，卸载后试样产生的变形会恢复原状，即为弹性变形阶段。σ_e 为材料在弹性变形阶段所能承受的最大应力，称为弹性极限。在弹性变形阶段，应力与应变成正比关系，其比值 $E = \sigma/\varepsilon$ 为材料的弹性模量。弹性模量 E 越大，产生一定量的弹性变形所需要的应力越大，它是衡量材料弹性变形难易程度的指标，工程上称为刚度。刚度只和金属原子的本性和晶格类型有关，其他处理方法对其影响很小，所以提高零件刚度的方法是增大横截面积或改变截面形状。

（3）强度　材料在外力作用下抵抗永久塑性变形和断裂的能力称为强度。强度越高，材料所能承受的外力越大，使用越安全。

如图 1-3a 所示，若加载应力超过 σ_e，则卸载后试样不会完全恢复原状，会留下一部分永久变形，即塑性变形。

1) 屈服强度。在图 1-3a 中，当应力值达到 s 点时，曲线上出现了水平的波折线，表明即使外力不增加，试样仍然在伸长，这种现象称为屈服。发生屈服所对应的应力值称为屈服强度，用 $\sigma_s{}^{\ominus}$ 表示。屈服强度反映材料抵抗永久变形的能力，是最重要的零件设计指标之一。

2) 抗拉强度。图 1-3a 中的 b 点对应的应力值是材料所能承受的最大应力，即强度极限，称为抗拉强度，用 σ_b 表示。应力达到 b 点时，试样开始出现"缩颈"现象，即塑性变形集中在试样的局部位置，出现明显的直径缩小的现象。抗拉强度 σ_b 反映材料抵抗断裂破坏的能力，它也是零件设计和材料评定的重要指标。

(4) 塑性　塑性是指金属材料断裂前发生永久变形的能力。常用的塑性指标为断后伸长率和断面收缩率。

断后伸长率为试样被拉断后，标距部分的残余伸长与原始标距之比的百分率，用 δ 表示。

$$\delta = \frac{L_1 - L_0}{L_0} \times 100\% \tag{1-1}$$

式中　L_0——原始标距长度；

L_1——断裂后标距长度。

断面收缩率为试样断裂后，横截面积最大缩减量与原始横截面积之比的百分率，用 ψ 表示。

$$\psi = \frac{A_0 - A_1}{A_0} \times 100\% \tag{1-2}$$

式中　A_0——试样的原始横截面积；

A_1——端口处的横截面积。

材料的塑性越大，越有利于进行压力加工，也能起到通过塑性变形消耗能量，防止一旦超载材料就产生断裂。如图 1-3 所示，铸铁几乎没有塑性，属于脆性材料，所以受力后只有弹性变形，而几乎没有塑性变形，外力超过其所能承受的强度极限后就会发生脆断。但塑性好的材料其强度通常会较低，使用过程中容易发生变形，导致失效。

(5) 硬度　硬度是指材料抵抗局部塑性变形的能力，它是表征金属材料软硬程度的一种性能指标。

目前常用的硬度测试方法为压入法，即一定的载荷通过压陷器（或称为压射冲头）压入材料表面，压痕的大小即反映了材料的硬度高低。压入法常用的有布氏硬度、洛氏硬度和维氏硬度等。

1) 布氏硬度（HBW）。在布氏硬度计（见图 1-4）上，试验力 F 通过直径为 D 的硬质合金球状压陷器（或称为压射冲头）压入材料表面，经过规定的保持时间后卸除载荷，在试样表面会留下球形压痕，如图 1-5 所示。材料的布氏硬度与压痕在工件表面截圆的面积成正比。

⊖　本书中力学性能指标仍采用旧标准规定的符号，如 σ_s、σ_b、δ、ψ 等。

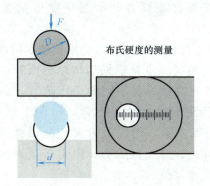

布氏硬度的测量

图 1-4　布氏硬度计　　　　　　　　　图 1-5　布氏硬度试验原理示意图

一般的可测量出压痕直径查表得到布氏硬度的硬度值，用 HBW 表示，如 230HBW。

由于布氏硬度试验方法的压痕面积大，其硬度值能反映金属在较大范围内各组成相的平均性能，而不受个别相和组织不均匀性的影响，试验数据稳定，重复性强。缺点是压痕面积大，不能用于薄片件、成品件及硬度大于 650HBW 的材料。布氏硬度试验法主要用于测定铸铁、有色金属及其合金、低合金结构钢，各种退火、正火和调质钢的硬度。

2）洛氏硬度（HR）。洛氏硬度是以测量压痕深度来表示材料的硬度。洛氏硬度的压陷器（或称为压射冲头）有两种：一种是圆锥角为 120° 的金刚石圆锥，用于测试硬度较高的材料；另一种是一定直径的淬火钢球或硬质合金球，用于测试硬度较低的材料。

测量时，将试样放在洛氏硬度计（见图 1-6）上，先施加一个初载荷，如图 1-7 所示，然后施加规定的主载荷，将压陷器（或称为压射冲头）压入被测材料的表面，卸除主载荷后，根据压痕深度确定被测材料的洛氏硬度，一般的洛氏硬度值可以直接从硬度计上的显示器读出，记为 HR。

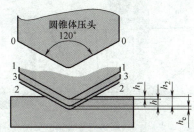

圆锥体压头
120°

1—1　加上初载荷后压头的位置
2—2　加上初载荷+主载荷后压头的位置
3—3　卸去主载荷后压头的位置
h_e：卸去主载的弹性恢复

图 1-6　洛氏硬度计　　　　　　　　　图 1-7　洛氏硬度试验原理

为测定不同性质工件的硬度，采用不同的材料与形状尺寸的压陷器（或称为压射冲头）和载荷的组合，可获得不同的洛氏硬度标尺。每一种标尺用一个字母写在硬度符号 HR 之后，其中常用的有 HRA、HRB、HRC，如洛氏硬度值表示为 60HRC、78HRA 等。洛氏硬度试验法的优点是操作简便迅速，硬度值可直接读出；压痕面积小，不会损伤零件表面，可在成品工件上进行测试；采用不同的标尺，可测出从极软到极硬材料的硬度。其缺点是压痕小，结果代表性差，所测硬度值重复性差，分散度大。

3）维氏硬度（HV）。维氏硬度的测试原理与布氏硬度相同，也是根据压痕单位面积所承受的试验力计算硬度值，所不同的是压陷器（或称为压射冲头）为两个对面夹角 α 为136°的金刚石四棱锥体，如图1-8所示。用试验力 F 压入试样表面，保持规定时间后，卸除试验力，测定压痕对角线长度，查表确定硬度值。

维氏硬度的特点是保留了布氏硬度和洛氏硬度各自的优点，既可测量由极软到极硬材料的硬度，又能相互比较；既可测量大块材料、表面硬化层的硬度，又可测量金相组织中不同相的硬度，测量精度高。缺点是需要在显微镜下测量压痕尺寸，工作效率低。

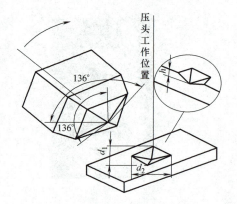

图1-8　维氏硬度试验原理

4）其他硬度。除了前述的常用硬度以外，还有里氏硬度、努氏硬度和肖氏硬度等。

（6）冲击韧度　冲击韧度是指材料在冲击载荷的作用下，抵抗变形和断裂的能力，一般是在摆锤冲击试验机（见图1-9）上，采用一次摆锤冲击试验测得，冲击试验原理如图1-10所示。

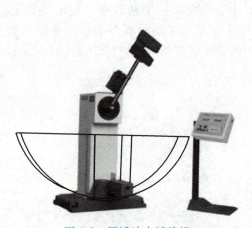

图1-9　摆锤冲击试验机

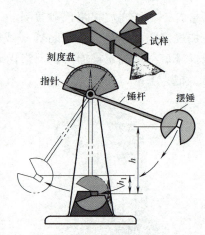

图1-10　冲击试验原理

试验时将带缺口的试样安放在试验机的机架上，将具有一定质量 m 的摆锤提高至距试样高度为 h 的位置，使其获得势能 mgh。然后使其下落，冲断试样后摆锤又上升到距试样高度为 h_1 的位置，摆锤剩余的势能为 mgh_1。则摆锤冲断试样所消耗的势能为两者的差值（$mgh-mgh_1$），此即为试样变形和断裂所消耗的功，称为冲击吸收功，以 A_K 表示，单位为 J。

摆锤将试样冲断时，试样缺口处横截面积为 A，则单位面积上所消耗的功为 A_K/A，称为冲击韧度，用 a_K 表示，单位为 J/cm^2。

一般把冲击韧度高的材料称为韧性材料，低的称为脆性材料。韧性材料在断裂前有明显的塑性变形，脆性材料则反之。

（7）疲劳强度　有些零件，如轴、齿轮、轴承、叶片和弹簧等在工作过程中所承受的外载荷会随时间作周期性变化，即承受交变载荷的作用。此时，虽然零件所承受的应力低于材料的屈服强度，但经过较长时间的工作，却可能产生裂纹或突然发生断裂的现象，称为材料的疲劳。零件之所以产生疲劳断裂，是由于材料表面或内部存在缺陷。这些地方的应力大于屈服强度，从而产生局部塑性变形而开裂。这些微裂纹随着应力循环次数的增加而逐渐扩展，使承受载荷的横截面积减小，最终断裂。疲劳强度就是指材料抵抗交变载荷作用而不破坏的能力，它和交变载荷的循环次数有关，以交变载荷的循环次数表示。

第三节　钢的热处理

一、热处理的基本概念

加工好的锤子用来钉钉子，会在榔头表面砸出小坑。如果把榔头加热到一定温度，马上放到水中冷却，再用来钉钉子就不会砸出小坑了。通过加热、冷却提高了榔头的硬度，这就是热处理。

热处理是将金属材料放在一定的介质内加热、保温、冷却，通过改变材料表面或内部的金相组织结构，来获得所需性能的一种工艺方法。在机械工业中，绝大部分重要的零部件都必须经过热处理。例如：机床制造中 60%～70% 的零件，汽车、拖拉机制造业中 70%～80% 的零件需要热处理；而模具、刀具、量具和通用工具以及滚动轴承等 100% 需经过热处理。与其他加工方法（如铸造、焊接或压力加工等）相比，热处理后材料的结构、形状和尺寸基本不会变化，只改变材料的内部组织结构。能充分发挥材料的性能潜力，保证零件的内在质量，提高零件的使用性能，延长零件的使用寿命。

热处理常用的加热设备有箱式电炉（见图 1-11）、台车式电炉（见图 1-12）和可倾式电炉（见图 1-13）等。

图 1-11　箱式电炉

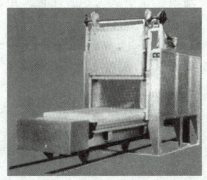

图 1-12　台车式电炉

图 1-13　可倾式电炉

二、热处理安全操作规程

热处理安全操作规程见表 1-1。

三、钢的热处理

钢的热处理大体可分为普通（整体）热处理和表面热处理两大类。根据加热介质、加热温度和冷却介质的不同，每一大类又可区分为若干种不同的热处理。同一种钢采用不同的热处理，可获得不同的组织，从而具有不同的性能。

表 1-1　热处理安全操作规程

序号	安全规程
1	操作前要熟悉热处理设备使用方法及其他工具、器具。穿戴好必要的防护用具
2	清除炉内铁屑，清扫炉底板，以免铁屑落于电阻丝上造成短路损坏
3	用电阻炉加热时，工件进炉、出炉应先切断电源，以防触电。出炉后的工件不能用手摸，以防烫伤。注意检查热电偶安装位置，热电偶插入炉内后，应保证不与工件相碰
4	根据工件的图样要求，确定合理的工艺范围。按时升温，保证出炉操作，经常检查仪表温度并进行校准，防止误操作
5	为保证炉温，不能随便打开炉门，检查炉内情况时应从炉门孔中观察
6	冷却介质应放置于就近方便的位置，减少工件出炉后降温
7	出炉时应工位正确，夹持稳固，防止炽热工件伤害人体
8	操作结束后，应打扫好场地卫生，工具用具放好

1. 钢的普通热处理

钢的普通热处理大致有退火、正火、淬火和回火四种。

（1）退火　指金属材料加热到适当的温度，保持一定的时间，然后缓慢冷却的热处理。一般实际操作时采用随炉冷却的方法。常见的退火分为完全退火、球化退火、去应力退火和不完全退火等。退火的目的主要是降低金属材料的硬度，提高塑性，以利切削加工或压力加工，减少残余应力，提高组织和成分的均匀化，或为后道热处理工序做好组织准备等。

（2）正火　将钢材或钢件加热到适当温度，并在此温度下保持一定时间后在空气中冷却的热处理。正火的目的是调整钢材的硬度、细化晶粒、使组织正常化。正火能改善切削性能，消除硬脆组织。正火的冷却速度比退火大，因此正火组织比退火组织的硬度和强度稍高。

（3）淬火　将钢加热到某一适当温度并保温后，以较快的冷却速度冷却的热处理。淬火的目的就是提高材料的硬度。最常用的淬火冷却介质是盐水、水和油等。淬火使钢材形成淬火组织并达到零件预期的高硬度。

（4）回火　将经过淬火的工件加热到临界点以下的某一适当温度保持一定时间，随后用符合要求的方法冷却，以获得所需要的组织和性能的热处理。回火的目的是改善淬火钢的塑性和韧性，并消除淬火应力，保证零件的尺寸稳定性。常见的回火分为低温回火、中温回火和高温回火。

一般习惯将淬火加高温回火相结合的热处理称为调质处理。调质处理广泛应用于各种重要的结构零件，特别是那些在交变负荷下工作的连杆、螺栓、齿轮及轴类等。调质后的硬度取决于高温回火温度并与钢的回火稳定性和工件截面尺寸有关，一般为 200～350HBW。

2. 钢的表面热处理

当零件要求表面具有高硬度、良好的耐磨性和抗疲劳性能，而心部保持材料原有的组织和性能时，需要采用表面强化的方法。常用的表面热处理方法有表面淬火和化学热处理。

（1）钢的表面淬火　钢的表面淬火是加热设备将钢的表面迅速加热到淬火温度而心部

未被加热，然后进行快速冷却的淬火。表面淬火加热方法有火焰加热和感应加热，以及激光加热和电子束加热等。

火焰加热表面淬火（见图 1-14）是应用氧乙炔（或其他可燃的气体）火焰对工件表面进行加热，随之喷水冷却的工艺方法。适用于异形或大型零件，以及单件小批量零件的表面淬火，淬透层深度一般为 3~6mm，所需设备比较简单，操作方便。但工件淬火质量不易保证，淬硬层不均匀，易过热。

感应加热表面淬火（见图 1-15）是在一个感应器中通过一定频率的交流电（有高频、中频和工频三种），在感应器周围产生一个频率相同的交变磁场。将工件置于磁场中，工件内部就会产生频率相同、方向相反的封闭的感应电流，这个电流称为涡流。涡流主要集中在工件表面（称为趋肤效应），而且频率越高，电流集中的表面层越薄。由于电能变成热能，工件表面很薄的一层材料被迅速加热到淬火温度，再喷水进行快速冷却，即可达到表面淬火的目的。

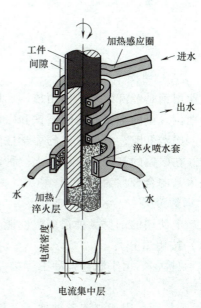

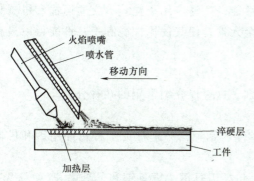

图 1-14　火焰加热表面淬火示意图　　　　图 1-15　感应加热表面淬火示意图

（2）化学热处理　化学热处理是将金属工件放入一定温度的活性介质中保温，使工件表面渗入一种或几种化学元素的原子，从而改变工件表面的化学成分、组织和性能的热处理。与表面淬火不同，化学热处理后的工件表面不仅有组织变化，也有化学成分的变化。

经淬火和低温回火后，工件表面具有高的硬度、耐磨性和接触疲劳强度，而工件的心部又具有高的强韧性。

根据渗入元素的不同，化学热处理可分为渗碳、渗氮和碳氮共渗等。

以渗碳处理为例，如图 1-16 所示。钢的渗碳分为气体渗碳和固体渗碳。气体渗碳是向炉内通入易分解的有机液体（如煤油、苯、甲醛等），或直接通入煤油、石油液化气等，通过高温反应产生活性碳原子，使钢件表面渗入碳原子，提高含碳量，如图 1-17 所示。

渗碳处理只改变工件表面的含碳量，还需要对工件进行恰当的淬火和低温回火，以达到表层高硬度、心部高韧性的要求。

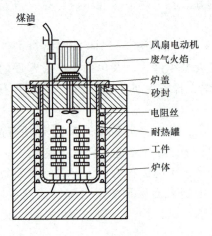

图 1-16　气体渗碳装置示意图

煤油
风扇电动机
废气火焰
炉盖
砂封
电阻丝
耐热罐
工件
炉体

图 1-17　渗碳工件表层的组织变化

第四节　常用金属材料

一、工业用钢

工业用钢是经济建设中使用最广、用量最大的金属材料，在现代工农业生产中占有极其重要的地位。钢的主要元素除了铁和碳以外，还有硅、锰、硫、磷等。碳钢的成分简单，冶炼容易，成本低廉，有比较好的力学性能和加工性能，广泛应用于建筑、交通运输和机械制造业中。在碳钢的基础上有意加入一种或几种合金元素，使其使用性能和工艺性能得以提高的以铁为基的合金称为合金钢。

1. 钢的分类

生产上使用的钢材品种很多，性能上千差万别。这里仅介绍常用的几种分类。

（1）按用途分类

1）结构钢。用于制造各种工程构件和机器零件的钢种，分别称为工程构件用钢和机器零件用钢。

2）工具钢。用于制造各种加工工具的钢种，包括刃具钢、模具钢和量具钢等。

3）特殊性能钢。指具备某种特殊物理、化学性能的钢种。如不锈钢、耐热钢和耐磨钢等。

（2）按化学成分分类

1）碳钢。主要成分为铁和碳，还含有微量的硅、锰、硫、磷等元素。按照含碳量的不同，又分为低碳钢、中碳钢和高碳钢。

2）合金钢。除铁和碳元素外，有意地加入一种或几种合金元素得到的钢。根据合金元素总量的多少，又分为低合金钢、中合金钢和高合金钢等。按照合金元素的种类可分为铬钢、锰钢、硅锰钢、铬镍钢和铬镍钼钢等。

（3）按质量分类　钢的质量等级以有害元素硫、磷的含量来划分。含量越少质量越高。可分为普通质量钢、优质钢、高级优质钢和特级优质钢。

2. 结构钢

结构钢包括工程构件用钢和机器零件用钢两大类。工程构件用钢主要用于制造各种工程结构，包括碳素结构钢和低合金高强度结构钢。机器零件用钢主要用来制造各种机器零件，如齿轮、弹簧、轴承及轴杆类零件等。

（1）普通碳素结构钢　这类钢产量最大，用途最广，多热轧成钢板、钢带、型钢和棒钢等，用于一般结构和工程结构，产品可供焊接、铆接、栓接构件用。

普通碳素结构钢的牌号用"Q+数字"表示，Q是屈服强度中"屈"字的汉语拼音首字母，数字表示其屈服强度值。部分普通碳素结构钢的牌号与应用见表1-2。

表 1-2　部分普通碳素结构钢的牌号与应用

牌号	等级	脱氧方法	应 用 举 例
Q195	—	F、Z	塑性较好，有一定的强度，通常轧制成钢筋、钢板和钢管等，可用于桥梁、建筑物等构件，也可用于制造受力不大的零件，如螺栓、钉子、铆钉和垫圈等
Q215	A	F、Z	
	B		
Q235	A	F、Z	
	B		
	C	Z	
	D	TZ	
Q275	A	F、Z	强度高，用于制作承受中等载荷的零件，如拉杆、连杆、转轴、心轴、齿轮和键等
	B	Z	
	C		
	D	TZ	

（2）优质碳素结构钢　优质碳素结构钢的有害杂质硫和磷的含量低，均控制在 0.04%（质量分数）以下，强度、塑性、韧性均比普通碳素结构钢好，主要用于制造较重要的零件。

优质碳素结构钢的牌号由两位数字表示，表示碳的质量分数的万分数。如 45 钢，表示平均碳的质量分数为 0.45% 的优质碳素结构钢。对于 Mn 含量较高的钢，须将 Mn 元素标出。部分优质碳素结构钢的牌号和应用见表1-3。

表 1-3　部分优质碳素结构钢的牌号和应用

牌号	应 用 举 例
08 08F	用于制作薄板，制造深冲制品、油桶、高级搪瓷制品，也用于制成管子、垫片及心部强度要求不高的渗碳和碳氮共渗零件等
10 10F	用来制造锅炉管、油桶顶盖、钢带、钢板和型材，也可制作机械零件
15 15F	用于制造渗碳零件、紧固零件、冲锻模件及无须热处理的低负荷零件，如螺栓、螺钉、拉条、法兰盘及化工机械用储存器、蒸汽锅炉等
25	用于热锻和热冲压的机械零件，机床上的渗碳及碳氮共渗零件，以及重型和中型机械制造中负荷不大的轴、辊子、连接器、垫圈、螺栓和螺母等，还可用作铸钢件
30	用于热锻和热冲压的机械零件、冷拉丝，重型和一般机械用的轴、拉杆、套环以及机械上用的铸件，如气缸、汽轮机机架和飞轮等
35	用于热锻和热冲压的机械零件，冷拉和冷顶镦钢材，无缝钢管，机械制造中的零件，如转轴、曲轴、轴销、杠杆、连杆、横梁、星轮、套筒、轮圈、钩环、垫圈、螺钉和螺母等，还可用来铸造汽轮机机身、轧钢机机身、飞轮和均衡器等

（续）

牌号	应 用 举 例
40	用来制造机器的运动零件,如辊子、轴、曲柄销、传动轴、活塞杆、连杆、圆盘以及火车的车轴等
45	用来制造蒸汽轮机、压缩机、泵的运动零件,还可以用来代替渗碳钢制造齿轮、轴、活塞等零件,但零件需经高频或火焰表面淬火,用作铸件
50	用于耐磨性高、动载荷及冲击作用不大的零件,如铸造齿轮、拉杆、轧辊、摩擦盘、次要的弹簧、农机上的掘土犁铧、重负荷的心轴和轴等
55	用于制造齿轮、连杆、轮面、轮缘、扁弹簧及轧轮等,也可用作铸件
60	用于制作轧轮、轴、偏心轴、弹簧圈、弹簧、各种垫圈、离合器、凸轮和钢丝绳等
65	用于制造气门弹簧、弹簧圈、轴、轧辊、各种垫圈、凸轮及钢丝绳等
70 80	用于制造弹簧
15Mn 20Mn	用于制造中心部分力学性能要求高且需渗碳的零件
30Mn	用于制造螺栓、螺母、螺钉、杠杆和制动踏板;还可以制造在高应力下工作的细小零件,如农机钩环、链等

（3）合金结构钢　合金结构钢是制作机器和工程结构的重要钢种,用于制造碳素结构钢的性能不能满足要求的零件。合金结构钢按用途可分为工程结构钢和机器结构钢。

1）工程结构钢。即低合金高强度结构钢,主要作为建筑、桥梁、锅炉、车辆、船舶、高压锅炉、高压容器和军工等方面的工程结构材料。低合金高强度结构钢的牌号、性能及应用见表1-4。其牌号与普通碳素结构钢表示方法相同。

表1-4　低合金高强度结构钢的牌号、性能及应用

牌号	厚度或直径/mm	力学性能				应用举例
		σ_s/MPa	σ_b/MPa	$\delta(\%)$	a_K/J	
Q345	≤16 >16~40 >40~63	≥345 ≥335 ≥325	470~630	≥20 ≥20 ≥19	≥34	桥梁、车辆、船舶、压力容器和建筑结构
Q390	≤16 >16~40 >40~63	≥390 ≥370 ≥350	490~650	≥20 ≥20 ≥19	≥34	桥梁、船舶、起重设备和压力容器
Q420	≤16 >16~40 >40~63	≥420 ≥400 ≥380	520~680	≥19 ≥19 ≥18	≥34	桥梁、高压容器、大型船舶、电站设备和管道
Q460	≤16 >16~40 >40~63	≥460 ≥440 ≥420	550~720	≥17 ≥17 ≥16	≥34	中温高压容器(<120℃),锅炉、化工、石油高压厚壁容器(<100℃)

2）机器结构钢。机器结构钢是最常用的合金结构钢之一,按用途及热处理工艺的不同,可分为调质钢、渗碳钢和弹簧钢等。这类结构钢的牌号采用"数字+元素符号+数字……"的方法表示。第一个数字以平均万分数表示碳的质量分数,主加的化学元素以其元素符号表示,其后面的数字表示合金元素的百分质量分数,含量小于1.5%时,可不标。

调质钢是需要经过调质处理后使用的钢。调质钢具有高的强度和良好的塑性与韧性,广泛用于制造汽车、拖拉机、机床和其他机器上的各种重要零件,如齿轮、轴类件、连杆和拨

叉等。常用调质钢的牌号与应用见表1-5。

表1-5　常用调质钢的牌号与应用

牌　号	应 用 举 例
40Cr	齿轮、花键轴、后半轴、连杆和主轴
45Mn2	齿轮、齿轮轴、连杆盖和螺栓
35CrMo	大电动机轴、锤杆、连杆和轧钢机曲轴
30CrMnSi	飞机起落架和螺栓
40MnVB	代替40Cr,汽车、机床的轴和齿轮等
30CrMnTi	汽车主动锥齿轮、后主齿轮和齿轮轴
38CrMoAlA	磨床主轴、精密丝杠、量规和样板

渗碳钢是指经渗碳、淬火加低温回火后使用的钢,主要用于制造在工作中遭受强烈的摩擦磨损,同时又承受较大的交变载荷,特别是冲击载荷的零件,如汽车、拖拉机中的变速齿轮、内燃机上的凸轮轴和活塞销等。常用渗碳钢的牌号与应用见表1-6。

表1-6　常用渗碳钢的牌号与应用

牌　号	应 用 举 例
20Cr	齿轮、齿轮轴、凸轮和活塞销
20MnVB	重型机床的齿轮和轴、汽车后桥齿轮
20CrMnTi	汽车、拖拉机上的变速齿轮和传动轴
12CrNi3	重负荷下工作的齿轮、轴和凸轮轴
20Cr2Ni4	大型齿轮和轴,也可用作调质件

弹簧钢是一种专用结构钢,主要用于制造各种弹簧和弹性零件。常用弹簧渗碳钢的牌号与应用见表1-7。

表1-7　常用弹簧渗碳钢的牌号与应用

牌　号	应 用 举 例
65Mn	制作$\phi 8 \sim \phi 15mm$ 以下的小型弹簧
55SiMnVB	制作$\phi 20 \sim \phi 25mm$ 的弹簧,可用于230℃以下温度
60Si2Mn	制作$\phi 25 \sim \phi 30mm$ 的弹簧,可用于230℃以下温度
50CrVA	制作$\phi 30 \sim \phi 50mm$ 的弹簧,可用于210℃以下温度
60Si2CrVA	制作小于$\phi 50mm$ 的弹簧,可用于250℃以下温度

3. 工具钢

工具钢是用来制造刀具、模具和量具等的钢种。按化学成分可分为碳素工具钢和合金工具钢等。

(1) 碳素工具钢　碳素工具钢中碳的质量分数为$0.65\% \sim 1.35\%$,特点是材料硬度高,可锻性能好,价格便宜。但其淬透性和耐热性差,主要用于制造切削速度较低的刀具,以及形状简单、精度要求不高的量具或模具等。

碳素工具钢的牌号由"T+数字+(字母)"组成。T表示碳素工具钢,数字的千分数表示碳的质量分数,数字后面有时标注表示材料质量等级的字母,如T12A,表示平均碳的质量分数为1.2%的高级优质碳素工具钢。常用碳素工具钢的牌号及应用见表1-8。

表 1-8　常用碳素工具钢的牌号及应用

牌　号	应用举例
T7 T7A	制造承受振动与冲击载荷,要求较高韧性的工具,如錾子、各种锤子等
T8 T8A	制造承受振动与冲击载荷,要求足够韧性和较高硬度的工具,如简单的模具、冲头、剪切金属用剪刀和木工工具等
T10 T10A	硬度较高,但仍要求一定韧性的工具,如手工锯条、小冲模、丝锥和板牙等
T12 T12A	适用于不受冲击的耐磨工具,如钢锉、刮刀和铰刀等

（2）合金工具钢　在碳素工具钢的制备过程中有意加入其他合金元素，可以提高钢的淬透性、耐回火性，尤其可以明显提高耐热能力，但成本相对提高。合金工具钢又分为低合金工具钢和高速工具钢。

1）低合金工具钢。只含少量的合金元素，主加元素为 Cr、Mn、Si 等。牌号由"数字+元素符号+数字……"表示。含义和合金结构钢相似，但是规定工具钢中碳的质量分数大于1.00%时不予标出，小于 1.00%时，以名义千分数表示碳的质量分数。低合金工具钢的牌号与应用见表 1-9。

表 1-9　低合金工具钢的牌号与应用

牌　号	应用举例
9SiCr	冷冲模、板牙、丝锥、钻头、铰刀、拉刀和齿轮铣刀等
8MnSi	木工錾子、锯条或其他工具等
9Mn2V	量规、量块、精密丝杠、丝锥和板牙等
CrWMn	用作淬火后变形小的工具,如拉刀、长丝杠和量规等,以及形状复杂的冲模

2）高速工具钢。高速工具钢是一类具有很高耐磨性和很高耐热性的工具钢。在较高速度（如 50~80m/min）切削条件下，刃部温度达到 500~600℃时仍能保持很好的硬度，保持刃口的锋利。

高速工具钢主要用来制造中、高速切削刀具，如铣刀、铰刀、钻头、滚刀和拉刀等。

高速工具钢的碳的质量分数一般为 0.7%~1.6%，在牌号中不标出，并含有较多的合金元素（如 W、Mo、Cr、V、Co、Al 等）。常用的高速工具钢牌号有 W18Cr4V、W6Mo5Cr4V2、W9Mo3Cr4V 等。

4. 特殊性能钢

特殊性能钢是指满足某些特殊使用性能要求的，具有特殊的化学和物理特性的钢种，如不锈钢、耐热钢和耐磨钢等。

不锈钢是指在腐蚀介质中具有抗腐蚀性能的钢。常用的有奥氏体不锈钢（如12Cr18Ni9、12Cr18Ni9Ti 等）、马氏体不锈钢（如 12Cr13、30Cr13 等）、铁素体不锈钢（如10Cr17、Cr25Ti 等）。

许多机械零件需要在高温下工作，要求具有高的耐热性的钢，称为耐热钢。耐热钢分为抗高温氧化钢（如 20Cr25Ni20、26Cr18Mn12Si2N 等）和热强钢（如 12Cr5Mo、42Cr9Si2、12Cr18Ni9Ti）。

耐磨钢是指在较强冲击载荷作用下能产生硬化的钢。由于含 Mn 高，又称为高锰钢。这类钢机械加工很困难，一般采用铸造后直接使用，所以钢号表示为 ZGMn13，前两个字母是"铸钢"汉语拼音的首字母。用于制造挖掘机的铲斗、拖拉机和坦克的履带、压路机的压辊等。

二、铸铁

铸铁是碳的质量分数大于 2.11% 的铁碳合金。主要由 Fe、C、Si、Mn、S、P 以及其他微量元素组成。铸铁具有优良的铸造性能、切削加工性能、减摩性、吸振性和低的缺口敏感性，加之熔炼铸造工艺简单，价格低廉，所以铸铁是机械制造业中最重要的材料之一。

常用的普通铸铁有灰铸铁、可锻铸铁和球墨铸铁等。

1. 灰铸铁

灰铸铁中的碳是以片状石墨的形式存在的。灰铸铁的生产成本低，铸造性能优良，具有减振、耐磨和缺口敏感性小的特点，是机械制造业中应用最广泛的一种铸铁材料。其牌号表示为"HT+数字"，"HT"是"灰铁"汉语拼音的首字母，数字表示其最低的抗拉强度。常用灰铸铁的牌号、性能和应用见表 1-10。

表 1-10　常用灰铸铁的牌号、性能和应用

铸铁类型	牌号	力学性能			应　用　举　例
		抗拉强度 σ_b/MPa	抗弯强度 σ_{bb}/MPa	硬度（HBW）	
		不小于			
铁素体灰铸铁	HT100	100	260	143～229	低载荷和不重要的部件，如盖、外罩、手轮和支架等
铁素体+珠光体灰铸铁	HT150	150	330	163～229	承受中等应力的零件，如底座、床身、工作台、阀体、管路附件及一般工作条件要求的零件
珠光体灰铸铁	HT200 HT250	200 250	400 470	170～241	承受较大应力和较重的零件，如气缸体、齿轮、机座、床身、活塞和齿轮箱等
孕育铸铁	HT300	300	540	187～255	床身导轨，车床、压力机等受力较大的床身、机座、主轴箱、卡盘和齿轮等
	HT350 HT400	350 400	610 680	197～269 207～269	高压液压缸、泵体、衬套、凸轮、大型发动机曲轴、气缸体和盖等

2. 可锻铸铁

可锻铸铁中的碳是以团絮状石墨的形式存在的。黑心可锻铸铁基体为铁素体，具有很高的塑性和韧性；珠光体可锻铸铁的基体为珠光体，具有很高的强度和耐磨性；白心可锻铸铁的基体是铁素体加珠光体，焊接性能优良。其牌号表示为"KT+字母+数字-数字"，"KT"是"可铁"汉语拼音的首字母，"字母"表示基体的类型，"H"表示黑心，是铁素体基体；"Z"表示珠光体，是珠光体基体；"B"表示白心，是铁素体加珠光体基体，第一个数字表示最低的抗拉强度，第二个数字表示断后伸长率。常见可锻铸铁的牌号、性能和应用见表 1-11。

表 1-11　常见可锻铸铁的牌号、性能和应用

牌号	基体类型	试样毛坯直径/mm	抗拉强度 σ_b/MPa	断后伸长率 δ(%)	应　用　举　例
KTH300-06 KTH330-08 KTH350-10 KTH370-12	铁素体	12 或 15	≥300 ≥330 ≥350 ≥370	≥6 ≥8 ≥10 ≥12	汽车、拖拉机零件,如后桥壳、轮毂、转向结构壳体和弹簧钢板支座等;机床附件,如钩形扳手、铰杠等;各种管接头、低压阀门和农具等
KTZ450-06 KTZ550-04 KTZ650-02 KTZ700-02	珠光体	12 或 15	≥450 ≥550 ≥650 ≥700	≥6 ≥4 ≥2 ≥2	曲轴、连杆、齿轮、凸轮轴、摇臂和活塞环等
KTB350-04	铁素体加珠光体	9 12 15	≥310 ≥350 ≥360	≥5 ≥4 ≥3	水暖配件等
KTB360-12	铁素体加珠光体	9 12 15	≥320 ≥360 ≥370	≥15 ≥12 ≥7	
KTB400-05	铁素体加珠光体	9 12 15	≥360 ≥400 ≥420	≥8 ≥5 ≥4	
KTB450-07	铁素体加珠光体	9 12 15	≥400 ≥450 ≥480	≥10 ≥7 ≥4	

3. 球墨铸铁

球墨铸铁中的碳是以球状石墨的形式存在的。它是铸铁中力学性能最好的一种,具有很高的强度、塑性和韧性,并保持一定的耐磨性、减振性和缺口不敏感性等。球墨铸铁可以代替部分钢材用来制造一些受力复杂,强度、韧性和耐磨性要求较高的零件。球墨铸铁的牌号表示为"QT+数字-数字","QT"是"球铁"汉语拼音的首字母,第一个数字表示最低的抗拉强度,第二个数字表示断后伸长率。常见球墨铸铁的牌号和应用见表 1-12。

表 1-12　常见球墨铸铁的牌号和应用

牌　号	应　用　举　例
QT350-22 QT400-18 QT400-15 QT450-10	汽车、拖拉机的牵引框、轮毂、离合器、差速器及减速器的壳体等;农机具的犁铧、犁柱、犁托、犁侧板及牵引架;高压阀门的阀体、阀盖及支架等
QT500-7 QT550-5	内燃机的机油泵齿轮、水轮机的阀门体、铁路机车车辆的轴瓦等
QT600-3 QT700-2 QT800-2	柴油机和汽油机的曲轴、连杆、凸轮轴、气缸套和进排气门座;脚踏脱粒机的齿条、轻载齿轮;畜力犁铧;空气压缩机及冷冻机的缸体、缸套及曲轴球磨机齿轮轴;矿车轮及桥式起重机的大小车滚轮等
QT900-2	汽车弧齿锥齿轮、拖拉机减速齿轮、柴油机凸轮轴及犁铧、耙片等

三、有色金属简介

有色金属是指除钢、铸铁和其他以铁为基的合金之外的金属。有色金属的材料种类很

多，具有很多黑色金属所不具备的特性，已成为现代工业生产中不可缺少的金属材料。

1. 铝及铝合金

纯铝是指纯度在99%以上的铝。纯铝的强度低，不能用作结构材料，主要用作导线和熔炼铝合金的原料。

铝合金是添加了其他合金元素的铝材。主加的元素有 Cu、Mn、Si、Mg、Zn 等，但合金元素的总量一般不超过 15%。铝合金分为变形铝合金和铸造铝合金两种。其牌号、性能和应用见表 1-13。

表 1-13 铝合金的牌号、性能和应用

铝合金种类	主加元素及牌号	强化方法	主要特点	应用举例
变形铝合金	纯铝 1×××系列	可加工硬化	高的成形性、耐蚀性和电导率；强度低	电气工程和兼顾成形性与耐蚀性的领域
	Al-Mn 系 3×××系列	可加工硬化	中等强度；良好的成形性和焊接性	兼顾成形性和焊接性的场合
	Al-Mg 系 5×××系列	可加工硬化	中等强度；优异的耐蚀性，良好的成形性和焊接性	建筑结构、汽车、海洋和低温工程领域
	Al-Cu 系 2×××系列	可热处理	高的强度；低的焊接性，低的耐大气腐蚀性	航空工业、紧固件
	Al-Si 系 4×××系列	含 Mg 可热处理	中等强度，优异的焊接性	锻件和熔焊焊条
	Al-Mg-Si 系 6×××系列	可热处理	中等强度，优异的耐蚀性和优异的挤压性能	建筑结构、汽车
	Al-Zn-Mg-Cu 系 7×××系列	可热处理	非常高的强度，常用机械方式连接	航空工业
	其他元素（Fe、Ni）8×××系列	可热处理	高的电导率、强度和硬度	电气工程和航空工业
铸造铝合金	Al-Si 系，ZL1××	不可热处理	优异的铸造性能，中等强度	适于复杂铸件
	Al-Cu 系，ZL2××	可热处理	高的强度，有热裂和疏松倾向	良好的耐磨性和较高温度下具有一定强度
	Al-Mg 系，ZL3××	不可热处理	优异的耐蚀性和切削性能	门窗构件
	Al-Zn 系，ZL4××	可热处理	优异的切削性能	要求表面光洁和一定硬度的领域

2. 铜及铜合金

纯铜强度低，主要用于制作电导体及配制合金，不宜作为结构材料使用。铜合金是对纯铜做合金化处理，加入 Zn、Ni、Sn、Al、Mn 等合金元素，以获得强度和韧性都满足要求的铜合金。铜合金主要分为黄铜、青铜和白铜等。其牌号、性能和应用见表 1-14。

表 1-14 铜合金的牌号、性能和应用

类型	牌号	特性	应用举例
纯铜	T1 T2	导电导热性能优良，延展性、深冲性能、耐腐蚀及大气腐蚀性能均好，可以焊接和钎焊	用于导电、导热、耐蚀器材，如电线、电缆、密封垫圈和器具等

（续）

类型	牌号	特性	应用举例
黄铜	H68 H70	延展性及深冲性能优异，易切削加工，易焊接，耐一般腐蚀，但易产生应力腐蚀开裂	复杂的深冲、冷冲件，如汽车散热片、弹壳、垫片和雷管等
青铜	QSn6.5-0.1 QSn6.5-0.4	含磷的锡青铜（磷青铜）有高的强度、弹性、耐磨性和抗磁性，在热态和冷态下压力加工性良好，对电火花有较高的抗燃性，可焊接和钎焊，可加工性好，在大气和淡水中耐蚀	制作弹簧和导电性好的弹簧接触片、精密仪器中的耐磨零件和抗磁零件，如齿轮、电刷盒、振动片和接触器；棒材可用作齿轮轴、轴承、螺栓、螺母、连接插头和滑轮等
白铜	B19	结构白铜，有高的耐蚀性和良好的力学性能，在热态和冷态下压力加工性良好，在高温和低温下仍能保持高的强度和塑性，可加工性差	用作在蒸汽、淡水和海水中工作的精密仪表零件、金属网和抗化学腐蚀的化工机械零件，以及医疗器具、钱币，冷凝及热交换器用管等

习题与思考题

1. 金属材料的力学性能指标有哪些？如何选用？

2. 碳钢和铸铁在化学成分和性能上有哪些主要区别？

3. 实训车间能见到的机床床身、齿轮、轴、螺栓、手工锯条、锤子和卡尺等分别用什么材料制造的？

4. Q235、45、T10A、QT600-3、20Cr、W18Cr4V 等材料牌号的含义是什么？

5. 什么是热处理？普通热处理的方法有哪些？它们之间有哪些主要不同，分别用于什么场合？

6. 什么是调质处理？调质处理的目的是什么？

7. 下列零件如何设计热处理工艺方案：传动轴、弹簧、锤子。

第二篇

热加工技术训练

第二章

铸 造

第一节 概 述

将熔融金属浇入具有和零件形状相适应的铸型空腔中，凝固后获得一定形状和性能的金属件（铸件）的方法称为铸造。

常见的铸造方法有砂型铸造、熔模铸造、金属型铸造、压力铸造、低压铸造、离心铸造和消失模铸造等。其中以砂型铸造最为传统，应用最为广泛。砂型铸造的生产工序很多，主要工序为制模、配砂、造型、造芯、合型、熔炼、浇注、落砂、清理和检验等。套筒类零件的铸造生产过程如图 2-1 所示。首先分别配制型砂和芯砂，并用相应的工艺装备（模样、芯盒等）造出砂型和砂芯，然后合为一个整体铸型，将熔融的金属浇注进铸型内，冷却凝固后取出铸件。

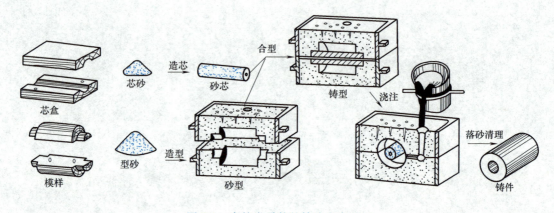

图 2-1　套筒类零件的铸造生产过程

铸造的适应性强，尤其适于复杂外形和内腔等零件生产，铸件的形状和尺寸与零件相近，可减少切削加工。但铸造过程工序较多，铸件质量难以控制，性能不如锻件，质量不够稳定；劳动条件差，工人劳动强度大。

第二节　铸造生产的安全操作规程

铸造生产现场型砂灰尘大，易迷眼；金属液温度很高，极易烧伤烫伤。实训时，每人都应精力集中，加强防范意识，严格遵守安全操作技术规范和制度，防止意外事故的发生。铸造生产的安全操作规程见表 2-1。

表 2-1　铸造生产的安全操作规程

序号	安　全　规　程
1	室内工作区域应有良好的自然通风。在实习过程中产生对身体有害的烟气、蒸汽、其他气体或灰尘的地方，如果空气的自然循环不能带走，就必须装设通风机、风扇或其他有足够通风能力的设备，并应进行维护和保养
2	进入铸造实训现场，应穿戴好防护用品，如工作服、防护鞋、防护帽和护目镜等；注意地面和墙面的标志标识，注意地面物品，不随意触碰任何开关、手柄和物品等
3	砂箱要摆放在指定的地点，不得随意搬动，摆放要稳固，注意轻拿轻放，以防砸伤碰伤手脚
4	造型所用工具要摆放整齐，用后放回原处，不得用工具比划和打斗，不得扬撒型砂
5	浇注前要清理场地，无易燃物品。炉前出铁口和出渣口地面要干净整洁、干燥无积水。浇注时要注意安全
6	铸件清理后要待其完全冷却后才可用手搬动，清理铸件时要避免伤人

第三节　砂型铸造

一、概述

砂型铸造是以型砂和芯砂为造型材料制成铸型，通过液态金属在重力作用下充填铸型来生产铸件的铸造方法。砂型铸造是传统的液态成形，它适用于各种形状、大小及各类合金铸件的生产。砂型铸造最基本的工序就是造型和制芯，造型方法通常分为手工造型和机器造型两大类。

二、型砂

型砂是砂型铸造造型的基本原料。它是由铸造砂和型砂黏结剂，也可采用干性油或半性油、水柔性硅酸盐或磷酸盐和各种合成树脂等配制而成。型砂质量直接影响着铸件的质量，型砂质量不好会使铸件产生气孔、砂眼、黏砂、夹砂等缺陷，这些缺陷造成的废品约占铸件总废品的50%以上。中小铸件一般采用湿态砂型（也称为"潮模"），大型铸件则用烘干的砂型（也称为"干模"）。

1. 对型砂性能的要求

为保证砂型在造型、合箱和浇注时经受得住外力、高温液态金属的冲刷和烘烤作用，要求型砂具有一定的工作性能，如强度、耐火度等。为便于造型、修型及取模，要求型砂有一定的工艺性能，如流动性和可塑性等。

（1）湿压强度　潮模型砂在外力作用下，不变形、不破坏的能力，称为湿压强度。一般湿压强度值为 $3.9\sim7.8MPa$（$0.4\sim0.8kg/cm^2$）。足够的强度可以保证砂型在铸造过程中不易损坏和变形。但强度太高又会使铸型太硬，透气性差，阻碍铸件的收缩而使铸件形成气孔、过大的内应力和裂纹等缺陷。

（2）透气性　砂型透过气体的能力。如果砂型透气性差，高温液体浇注时产生的大量气体无法透过砂型而排出，就会留在铸件中形成气孔。当然透气性太好会使砂型太疏松，铸件容易粘砂。

（3）耐火度　型砂在高温液态金属作用下不熔融、不烧结的性能。耐火度主要取决于砂中 SiO_2 的含量。SiO_2 的熔点为 $1713℃$，砂中 SiO_2 的含量越高，型砂的耐火度越高。砂子粒度越大，耐火度也越高。

（4）退让性　当铸件凝固后继续冷却时，型砂能被压溃而不阻碍铸件收缩的性能。退让性不足，会使铸件的收缩受阻，产生内应力、变形和裂纹等缺陷。

（5）可塑性　型砂在外力作用下变形后，当去除外力时，保持变形的能力。可塑性好即型砂柔软，容易变形，起模性能好。起模时在模型周围刷水的作用是增加局部型砂的水分，以提高可塑性。

型砂的性能是由型砂的组成、原材料的性质和配砂工艺操作等因素决定的。一般的单件小批量生产时，可用手抓一把型砂，感到柔软、容易变形、不粘手，掰断时断面不粉碎，这说明型砂的性能合格，如图 2-2 所示。

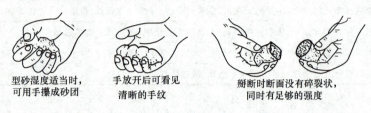

型砂湿度适当时，可用手攥成砂团　　　手放开后可看见清晰的手纹　　　掰断时断面没有碎裂状，同时有足够的强度

图 2-2　手攥法检验型砂

2. 潮模型砂的组成

潮模型砂主要由砂子、膨润土、煤粉和水等成分组成，也称为煤粉砂。型砂的组成如图 2-3 所示。砂子是型砂的主体，主要成分是 SiO_2，是耐高温的材料。膨润土是黏土的一种，用作黏结剂，和水混合后形成均匀的黏土膜，它包在砂粒表面，把单个的砂粒黏结起来，使之具有湿态强度。砂粒之间的空隙，可使型砂具有一定的透气性。煤粉是附加成分，可使铸件表面更加光洁。水分的加入量对型砂性能影响很大，水分过多时，黏土膜变成了黏土浆，会使强度、透气性降低，同时流动性也会降低，不易舂砂；水分过少时，空隙中会出现多余的黏土颗粒，会使强度、透气性降低，同时可塑性也会降低，起模时型腔易损坏。

3. 型砂的制备

型砂的配制工艺对型砂的性能有很大的影响。浇注时，型砂表面受高温铁液的作用，砂粒粉碎变细，煤粉燃烧分解，型砂中灰分增多，透气性变差，部分黏土会丧失黏结力，使砂型的性能降低。型砂的配置过程是按比例加入新砂、旧砂、膨润土和煤粉等材料，先干混 2~3min，再加水湿混 5~12min，直到型砂性能符合要求为止。混好的型砂应放置 4~5h，使黏土膜中水分均匀，称为调匀。

使用前还要过筛或经过筛砂机，使型砂松散好用。

三、造型方法

用型砂及模样等工艺装备制造铸型的过程称为造型。这种铸型又称为砂型，由上砂型、下砂型、型腔（形成铸件形状的空腔）、型芯、浇注系统和砂箱等组成。铸型的组成及各部分名称如图 2-4 所示。造型方法可分为手工造型和机器造型两大类。

1. 手工造型

手工造型的方法很多，操作灵活、工艺装备简单，但生产率低，劳动强度大，仅适用于单件小批量生产。

手工造型常用的装备和工具都很简单，如图 2-5 所示。

手工造型按砂箱特征可分为两箱造型、三箱造型、脱箱造型和地坑造型等；按模样特征可分为整模造型、分模造型、活块造型、挖砂造型、假箱造型和刮板造型等。可根据铸件的形状、大小和生产批量选择造型方法。

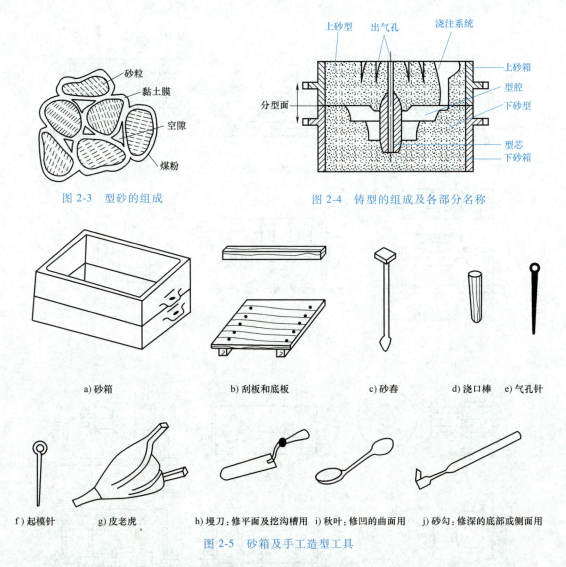

图 2-3　型砂的组成

图 2-4　铸型的组成及各部分名称

a) 砂箱　　　　b) 刮板和底板　　　　c) 砂春　　d) 浇口棒　e) 气孔针

f) 起模针　　　g) 皮老虎　　　h) 堤刀：修平面及挖沟槽用　i) 秋叶：修凹的曲面用　　j) 砂勾：修深的底部或侧面用

图 2-5　砂箱及手工造型工具

（1）整模造型　整模造型是用整体模样进行造型的方法，造型时模样全部放在一个砂箱内，分型面（上砂型和下砂型的分界面）是平面。这类零件的最大截面一般是在端部，而且是一个平面。其造型过程如图 2-6 所示，造型方法简便，适用于生产各种批量而形状简单的铸件。

（2）分模造型　分模造型的模样分成两半，造型时分别在上、下箱内，分型面也是平面。这类零件的最大截面不在端部，如果做成整模，在造型时就会取不出来。套筒的分模造型过程如图 2-7 所示，其分模面（分开模样的平面）也是分型面。分模造型操作简便，适用于生产各种批量的套筒、管子、阀体等形状较复杂的铸件，这种造型方法应用非常广泛。

（3）挖砂造型　模样为整体模，造型时需挖去阻碍起模的型砂，铸型的分型面是不平分型面，造型麻烦，挖砂操作技术要求较高，生产率低。挖砂造型过程如图 2-8 所示。

（4）假箱造型　假箱造型是利用预先制好的半个铸型（即假箱）代替底板，省去挖砂的造型方法。假箱只参与造型，不用来组成铸型。手轮的假箱造型过程如图 2-9 所示。

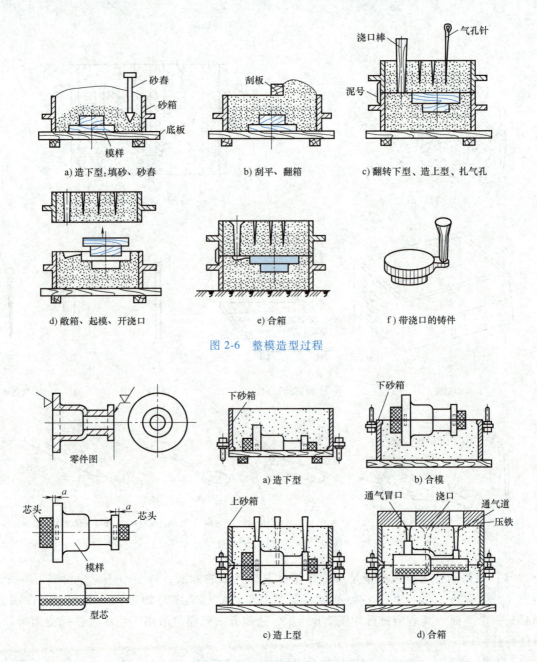

a) 造下型：填砂、砂春

b) 刮平、翻箱

c) 翻转下型、造上型、扎气孔

d) 敞箱、起模、开浇口

e) 合箱

f) 带浇口的铸件

图 2-6　整模造型过程

零件图

a) 造下型

b) 合模

c) 造上型

d) 合箱

图 2-7　套筒的分模造型过程

（5）活块造型　将木模上妨碍起模的部分做成活动的，称为活块。活块用钉子或燕尾榫与木模的主体连接，造型时先取出模样主体，然后再从侧面将活块取出。采用带有活块的木模进行造型的方法称为活块造型，如图 2-10 所示。

（6）三箱造型　有些形状复杂的铸件，往往具有两头截面大而中间截面小的特点，用一个分型面无法取出模样，需要从小截面处分开模样，用两个分型面，三个砂箱造型，称为三箱造型。三箱造型过程如图 2-11 所示。

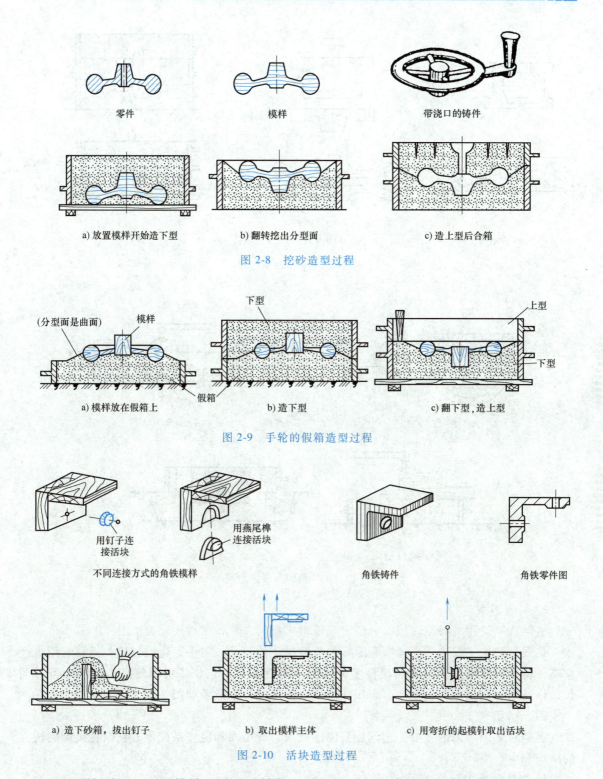

零件　模样　带浇口的铸件

a) 放置模样开始造下型　　b) 翻转挖出分型面　　c) 造上型后合箱

图 2-8　挖砂造型过程

(分型面是曲面)　模样　　下型　　上型

假箱　　　下型

a) 模样放在假箱上　　b) 造下型　　c) 翻下型,造上型

图 2-9　手轮的假箱造型过程

用钉子连接活块　　用燕尾榫连接活块

不同连接方式的角铁模样　　角铁铸件　　角铁零件图

a) 造下砂箱,拔出钉子　　b) 取出模样主体　　c) 用弯折的起模针取出活块

图 2-10　活块造型过程

（7）刮板造型　不用模样而用和零件截面形状相适应的特制刮板代替模样进行造型的方法称为刮板造型。对于尺寸较大的旋转体铸件,如带轮、飞轮、大齿轮等单件生产时可以采用刮板造型。大带轮的刮板造型过程如图 2-12 所示。

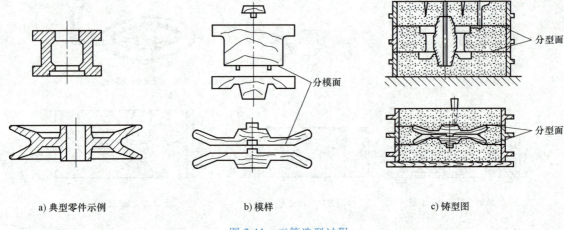

a) 典型零件示例　　　　　　　b) 模样　　　　　　　　c) 铸型图

图 2-11　三箱造型过程

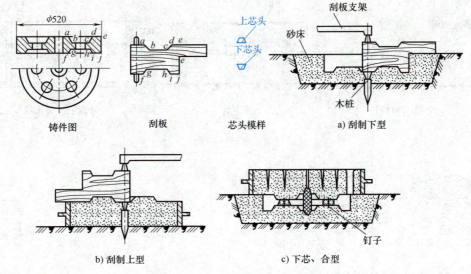

铸件图　　　　刮板　　　芯头模样　　　a) 刮制下型

b) 刮制上型　　　　　　　c) 下芯、合型

图 2-12　大带轮的刮板造型过程

2. 机器造型

机器造型是用机械全部或部分地完成造型操作的方法，是现代化铸造生产的基本造型方法，是用机器来完成填砂、紧实和起模等造型操作的过程。与手工造型相比，机器造型生产率高，铸件尺寸精度高、表面粗糙度值较低，但设备及工艺装备费用较高，生产准备时间长，仅适用于成批和大量生产。震压式造型机工作过程示意图如图 2-13 所示。

四、造型工艺

造型时必须考虑的主要工艺问题是浇注位置、分型面和浇注系统等，它们直接影响铸件的质量和生产率。

1. 浇注位置的确定

浇注时，铸件在铸型中所处的位置称为浇注位置。浇注位置选择得正确与否，对铸件质量、造型方法等都有着重要影响。选择浇注位置时，应注意以下原则。

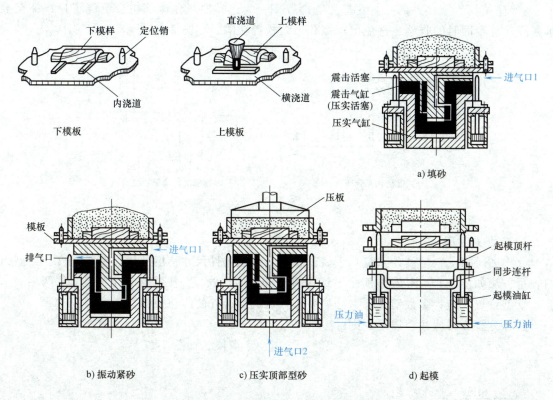

下模板　　　　　　上模板

a) 填砂

b) 振动紧砂　　　　c) 压实顶部型砂　　　　d) 起模

图 2-13　震压式造型机工作过程示意图

1）应使铸件中重要的机加工面朝下或位于侧面。因为浇注时液态金属中的渣子、气泡总是浮在上面，铸件的上表面缺陷较多，铸件的下表面和侧面的质量相对较好，如图 2-14 所示。

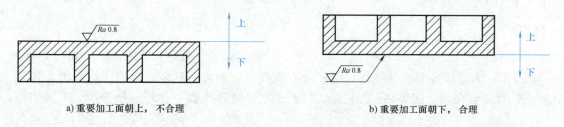

a) 重要加工面朝上，不合理　　　　　　b) 重要加工面朝下，合理

图 2-14　分型面的选定

2）应使铸件的薄壁部分放在型腔下部。这样有利于金属液充满，防止产生浇不到、冷隔等缺陷，如图 2-15 所示。

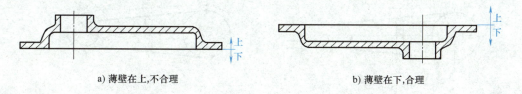

a) 薄壁在上，不合理　　　　　　b) 薄壁在下，合理

图 2-15　薄壁部分浇注位置的确定

3）应使铸件中厚大部位放在型腔上部或侧面。这样便于在该部位设置浇冒口，补充金属液冷却、凝固时的收缩，避免出现缩孔、缩松等缺陷，如图2-16所示。

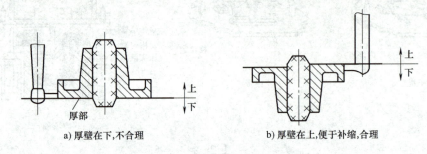

a) 厚壁在下,不合理　　　　　　　　　　b) 厚壁在上,便于补缩,合理

图 2-16　厚大部位浇注位置的确定

2. 分型面的确定

分型面是指上、下砂型的接触表面。它直接影响铸件尺寸精度及操作繁简程度。分型面的表示方法如图2-17~图2-19所示，细线表示分型面位置，箭头线和"上""下"两字表示上、下型位置。绝大多数情况下，分型面符号可表示铸件的浇注位置。

选择分型面时应注意以下原则：

1）分型面应选择在铸件的最大截面处，以便于取模，如图2-17所示。

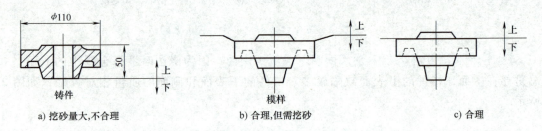

a) 挖砂量大,不合理　　　　　　b) 合理,但需挖砂　　　　　　c) 合理

图 2-17　分型面应选在最大截面处

2）应使铸件全部或大部分在同一砂型内，以减少错箱和提高铸件的精度，如图2-18所示。图2-18a为分模造型，易错箱，铸件分型面处产生飞边毛刺多，增加了清理的工作量，分型面位置不够合理；图2-18b为整模、挖砂造型，铸件大部分在同一砂型内，不易错箱，

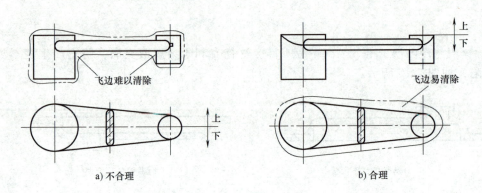

a) 不合理　　　　　　　　　　　　　　b) 合理

图 2-18　分型面的选择

飞边毛刺少，易清理，分型面位置较合理。

3）**应尽量减少分型面数目**。这样可以减少砂型数目，提高造型效率。成批大量生产时应避免采用三箱造型，如图 2-19 所示。

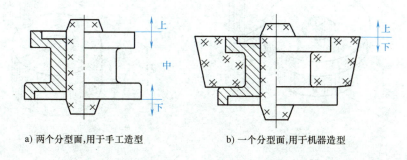

a) 两个分型面,用于手工造型   b) 一个分型面,用于机器造型

图 2-19　分型面数目的选择

3. 浇注系统

浇注系统是液态金属流入型腔中所经过的一系列通道。其作用是：①能够平稳、迅速地注入液态金属；②挡渣，防止渣子、砂粒等进入型腔；③调节铸件各部分温度，起"补缩"的作用（以填充液态金属在冷却和凝固时的体积收缩）。正确地设置浇注系统，对保证铸件质量、降低金属的消耗量有重要的意义。若浇注系统不合理，铸件易产生冲砂、砂眼、渣眼、浇不足、气孔和缩孔等缺陷。

（1）浇注系统各部分的作用　典型的浇注系统由**外浇道、直浇道、横浇道和内浇道**四部分组成，如图 2-20 所示。形状简单的小铸件可以省略横浇道。

外浇道的作用是缓和液态金属浇入的冲力，使之平稳地流入直浇道。漏斗形外浇道用于中小铸件，盆形外浇道（见图 2-23）用于大型铸件。

直浇道的作用是使液态金属产生一定的静压力，能迅速充满型腔。如果直浇道的高度或直径太小，会使铸件产生浇不足的缺陷。为便于取出浇道棒，直浇道的形状一般做成倒圆锥形。底部应做出直浇道窝，低于横浇道底面，以减轻液流冲击，使之流动平稳。

横浇道的主要作用是挡渣，截面形状一般是高梯形，位于内浇道的上面，它的末端应超出内浇道。

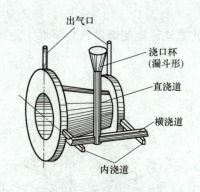

图 2-20　典型的浇注系统
（中间注入式）

内浇道的作用是控制液态金属流入型腔的速度和方向。截面形状一般是扁梯形和月牙形，也可用三角形。

（2）浇注系统的类型

1）按内浇道的注入位置分类。

① **顶注式浇注系统**，如图 2-21 所示。液态金属容易充满薄壁铸件，补缩作用好，金属消耗少，但容易冲坏铸型和产生飞溅，主要用于不太高而形状简单、薄壁及中等壁厚的铸件，压边浇道也属于这一类。

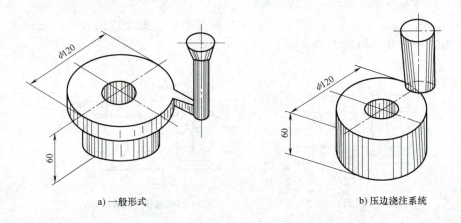

a) 一般形式　　　　　　　　　　　b) 压边浇注系统

图 2-21　顶注式浇注系统

② 底注式浇注系统，如图 2-22 所示。液态金属流动平稳，不易冲砂，但是补缩作用差，对薄壁铸件不易浇满。这种浇道主要用于中、大型厚壁，形状较复杂、高度较大的铸件和某些易氧化的有色金属合金铸件，如铝合金、镁合金等。

③ 中间注入式浇注系统，如图 2-20 所示。它是介于顶注式浇注系统和底注式浇注系统之间的一种浇道，开设很方便，使用最普遍，多用于一些中型、不很高、水平尺寸较大的铸件。

④ 阶梯式浇注系统，如图 2-23 所示。主要用于高大的铸件（一般高度大于 800mm）。此类浇道能使金属液自下而上地进入型腔，兼有顶注式和底注式的优点。

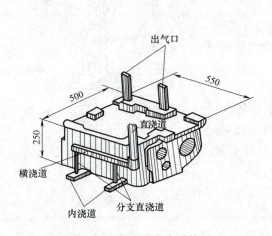

图 2-22　底注式浇注系统

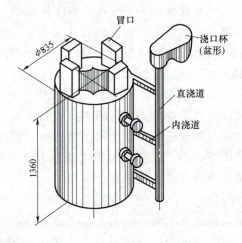

图 2-23　阶梯式浇注系统

2）按各浇道截面的关系分类。

① 封闭式浇注系统。即 $F_{直} > F_{横} > F_{内}$（F 为浇道的横截面积），优点是挡渣效果好。因为横浇道横截面积大于内浇道横截面积，金属液可以在横浇道内停留一定时间，使渣子上浮，干净的液态金属则从下面流入内浇道。这类浇注系统用得较多。缺点是液态金属流入型腔的冲击力较大。

② 开放式浇注系统。即 $F_直 < F_横 < F_内$，优点是金属液充满铸型较快，适用于薄壁、尺寸较大的铸件，缺点是挡渣效果差。

3) 内浇道的开设原则。内浇道的位置、截面大小及形状对铸件质量有极大的影响，开设时必须注意以下几点：

① 一般不应开在铸件的重要部位，如重要的加工面等。因为内浇道附近的金属冷却慢，组织粗大，力学性能差。

② 使金属液顺着型壁流动，避免直接冲击砂芯或砂型的突出部位，如图 2-24 所示。

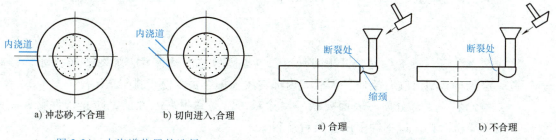

图 2-24　内浇道位置的选择

图 2-25　内浇道的形状应带缩颈

③ 内浇道的形状应考虑清理方便。内浇道和铸型的接合处应带有缩颈，如图 2-25a 所示，在敲断内浇道时，既不会从铸件处断裂，如图 2-25b 所示，也不会使残留的内浇道过长。

（3）冒口　常见的缩孔、缩松等缺陷是由于铸件冷却凝固时体积收缩而产生的。为防止缩孔和缩松，往往在铸件的顶部或厚实部位设置冒口。冒口是指在铸型内特设的空腔及注入空腔的金属，如图 2-23 所示。冒口中的金属液可不断地补充铸件的收缩，从而避免铸件出现孔洞。清理时冒口和浇注系统均被切除掉。冒口除了补缩作用外，还有排气和集渣的作用。

五、造芯

为获得铸件的内腔或局部外形，在造型时需要型芯。由于浇注时砂芯的四面被高温金属液包围，受到的冲刷及烘烤比砂型厉害，因此制成型芯的芯砂应具有比砂型更高的强度、透气性、耐火性和退让性等性能。这主要依靠配置合格的芯砂及正确的造芯工艺来保证。

1. 芯砂

芯砂主要有黏土砂、水玻璃砂、桐油砂、合脂油砂和树脂砂等。一般砂芯可以用黏土芯砂，但黏土加入量要比型砂高。水玻璃砂主要用于铸钢件砂芯中。形状复杂、要求强度高的砂芯要用桐油砂、合脂油砂和树脂砂等。为保证足够的耐火性、透气性，芯砂中应多加新砂或全部用新砂。

2. 造芯工艺

砂芯的质量和强度直接影响铸件的质量和铸造过程的顺利进行，一般应采取以下措施来保证砂芯的性能要求。

（1）放芯骨　芯骨是放入砂芯中用以支持和加强型芯并具有一定形状的金属构架。一般制作砂芯时都要利用芯骨来增强其强度和刚度。小砂芯的芯骨可用铁丝制作，中大型砂芯要用铸铁芯骨，为了吊运砂芯方便，往往在芯骨上做出吊环，如图 2-26 所示。

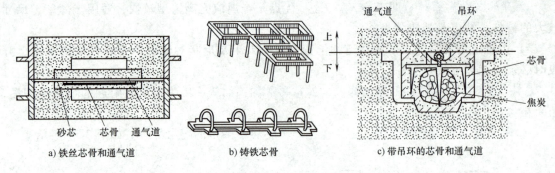

a) 铁丝芯骨和通气道　　b) 铸铁芯骨　　c) 带吊环的芯骨和通气道

图 2-26　芯骨和通气道

（2）开通气道　砂芯中必须开出通气道，以提高砂芯的透气性，如图 2-26 所示。砂芯通气道一定要与砂型出气孔接通，大砂芯内部常放入焦炭块以便于排气。

（3）刷涂料　大部分砂芯表面要刷一层涂料，以提高耐高温性能，防止铸件黏砂。铸铁件多用石墨粉涂料，铸钢件多用石英粉涂料。

（4）烘干　砂芯烘干后强度和透气性都能得到提高，黏土砂芯烘干温度为 250~350℃，保温 3~6h 后缓慢冷却。

3. 制芯方法

砂芯一般是用芯盒制成的，芯盒的空腔形状和铸件的内腔相适应。根据芯盒的结构，制芯方法一般有以下几种。

（1）整体式芯盒制芯　主要用于形状简单的中小砂芯，如图 2-27 所示。

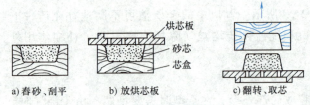

a) 舂砂、刮平　　b) 放烘芯板　　c) 翻转、取芯

图 2-27　整体式芯盒制芯

（2）对开式芯盒制芯　适用于圆形截面较复杂的砂芯，如图 2-28 所示。

a) 准备芯盒　　b) 舂砂、放芯骨　　c) 刮平、扎气孔　　d) 敲打芯盒　　e) 打开芯盒(取芯)

图 2-28　对开式芯盒制芯

（3）可拆式芯盒制芯　对于形状复杂的中、大型砂芯，当用整体式芯盒无法取芯时，可将芯盒分成几块，分别拆去芯盒取出砂芯，芯盒的某些部分还可以做成活块，如图 2-29 所示。

对于内径大于 200mm 的弯管砂芯，还可用刮板制芯，如图 2-30 所示。

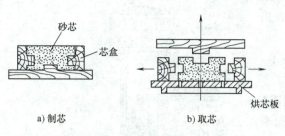

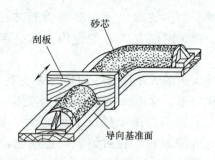

图 2-29 可拆式芯盒制芯

图 2-30 刮板制芯

六、金属的熔炼

金属熔炼的质量对能否获得优质的铸件有着重要的影响。熔炼的目的是要获得预定成分和一定温度的金属液，并尽量减少金属液中的气体和夹杂物，提高熔炼设备的熔化率，降低燃烧消耗等，以达到最佳的技术经济指标。

1. 铸造合金的种类

用于铸造生产的合金种类很多，常用的有铸铁、铸钢、铸造铝合金和铸造铜合金等，其中铸铁应用的最多，占铸件总量的 80% 左右。

工业上常用的铸铁有灰铸铁、可锻铸铁、蠕墨铸铁和球墨铸铁等。其中铸造性能最好的是石墨呈片状的灰铸铁，且价格低，适用于铸造形状复杂的底座、箱体类零件等；石墨呈球状的球墨铸铁力学性能最好，适于制造受力较大的轴类零件，如凸轮轴和曲轴等。但铸铁的强度低，尤其塑性较差。

制造受力大且复杂的铸件，特别是中、大型铸件往往采用铸钢。铸钢的铸造性能比铸铁差，但焊接性能好，强度较高，塑性好，有的合金还有耐磨、耐腐蚀等特殊性能。铸钢一般用于受力复杂、要求强度高并且韧性好的铸件，如水轮机转子、高压阀体、大齿轮、辊子和履带板等。

铸造铝合金应用广泛，它密度小，具有一定的强度、塑性和耐蚀性，广泛用于制造汽车发动机的气缸体、气缸盖、活塞、螺旋桨及飞机起落架等。铸造铜合金耐磨性和耐蚀性良好，其应用仅次于铝合金，如制造阀体、泵体、齿轮、蜗轮、轴承套、叶轮和船舶螺旋桨等。

2. 熔炼设备的构造及熔化过程

熔炼是指金属由固态通过加热转变成熔融状态的过程。合金的熔炼是铸造的重要环节，对铸件质量影响很大，若控制不当会使铸件的化学成分和力学性能不合格，会产生严重的铸件缺陷，如气孔、夹渣、缩松和缩孔等。

熔炼铸铁的设备有冲天炉和感应电炉等，熔炼铸钢的设备有电弧炉和感应电炉等，铸造铝、铜合金的熔炼设备主要有坩埚炉和感应电炉等。

（1）冲天炉 冲天炉是铸铁的主要熔炼设备。它结构简单，操作方便，可连续熔炼，生产率高，成本低，其熔炼成本仅为电炉的十分之一，但熔炼的铁液质量稍差于电炉。

如图 2-31 所示，冲天炉由炉体、火花捕集器、前炉、加料系统和送风系统等五部分组成。炉体是一个直立的圆筒，包括烟囱、加料口、炉身、风口、炉缸、炉底和支承部分。炉体的主要作用是完成炉料预热、熔化和铁液的过热。位于烟囱上部的火花捕集器起除尘作用，炉顶喷出的烟尘火花沉积于底部，可由管道排出。前炉起储存铁液的作用，其前部设置有出铁口和出渣口。

冲天炉的大小以每小时熔化多少吨铁液表示，称为熔化率，常用的冲天炉熔化率为 2~10t/h。

（2）**感应电炉**　感应电炉是根据电磁感应和电流热效应原理，利用炉料内感应电流的热能来熔化金属的。

感应电炉的结构如图 2-32 所示，盛装金属炉料的坩埚外面绕一纯铜管感应线圈。当感应线圈中通以一定频率的交流电时，在其内外形成相同频率的交变磁场，使金属炉料内产生强大的感应电流，也称为涡流，涡流在炉料中产生的电阻热使炉料熔化或过热。

（3）**坩埚炉**　坩埚炉是利用传导和辐射原理进行熔炼的。通过燃料（如焦炭、重油、煤气等）燃烧或电热元件通电产生的热量加热坩埚，使炉内的金属炉料熔化。这种加热方式速度缓慢、温度较低、坩埚容量小，一般只用于有色合金熔炼。图 2-33 所示为电阻坩埚炉结构。

电加热元件可用铁铬铝或镍铬合金电阻丝，也可用碳化硅棒。坩埚用铸铁或石墨制成。

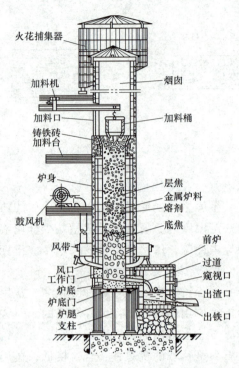

图 2-31　冲天炉的结构示意图

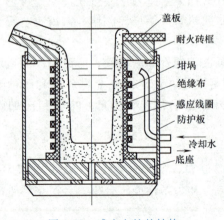

图 2-32　感应电炉的结构

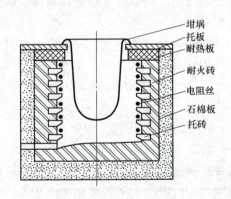

图 2-33　电阻坩埚炉结构

3. 浇注

将液态金属浇入铸型的操作称为**浇注**。浇注也是铸造生产中的一个重要环节。浇注工作组织得好坏、浇注工艺是否合理，不仅影响铸件质量，还涉及工人的安全。浇注工艺不当会引起浇不足、冷隔、跑火、夹渣和缩孔等缺陷。

（1）**浇包**　浇包是用来盛装金属液进行浇注的工具。浇注前，应根据铸件的大小、批量等选择合适的浇包。一般中小件用抬包，容量为 50~100kg；大件用吊包，如图 2-34 所示，容量为 200kg 以上。

浇包的外壳是由一定厚度的钢板制成，内衬为耐火材料，使用前内衬要修理光滑平整，并烘干预热，防止金属液飞溅，避免事故，保证铸件质量。

（2）浇注温度 浇注温度过高，铸件收缩大，粘砂严重，铸件晶粒粗大；温度过低，会使铸件产生冷隔、浇不足等缺陷。应根据铸造合金的种类、铸件的结构及尺寸等合理地确定浇注温度。铸铁的浇注温度一般为 1250～1350℃，薄壁复杂铸件的浇注温度应更高些。

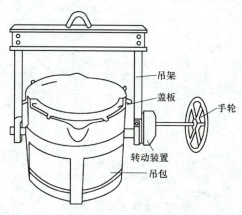

（3）浇注速度 浇注速度要适中，应按铸件形状确定。浇注速度太快，金属液对铸型的冲刷力大，易冲坏铸型，产生砂眼或型腔中的气体来不及逸出，易产生气孔，有时会产生假充满的现象。浇注速度太慢，易产生夹砂或冷隔等缺陷。

图 2-34 吊包示意图

（4）浇注技术 为使熔渣变稠便于扒出或挡住，可在浇包内金属液面上撒些干砂或稻草灰。用红热的挡渣钩及时点燃从砂型中逸出的气体，以防 CO 等有害气体污染空气以及使铸件出现气孔。浇注中间不能断流，应始终使外浇口保持充满，以便于熔渣上浮。

4. 铸件的落砂和清理

（1）铸件的落砂 从砂型中取出铸件的过程称为落砂。铸件在砂型中冷却到一定温度后，才可以落砂。落砂过早，铸件易产生硬皮，难以切削加工，还会产生铸造应力、变形或开裂；落砂过晚，铸件固态收缩受阻，会产生铸造应力，铸件晶粒粗大，也影响生产率和砂箱的回用。因此，要根据合金种类、铸件结构、技术要求等，合理掌握落砂时间。一般铸件落砂温度为 400～500℃。形状简单、小于 10kg 的铸铁件，可在浇注后 20～40min 落砂，10～30kg 的铸铁件可在浇注后 30～60min 落砂。

落砂的方法有手工落砂和机器落砂两种，大量生产中采用各种落砂机落砂。

（2）清理 清理是清除铸件上的浇冒口、毛刺、型芯及表面粘砂的工作。铸铁件上的浇冒口，一般用锤子或大锤敲掉。大型铸铁件先要在根部锯槽，再用重锤敲掉。韧性材料的铸件可采用锯削、气割或等离子弧切除冒口。铸件上的毛刺采用风动砂轮清除。

型砂的清除，在单件小批量生产时，用手工清除，劳动条件很差。在成批生产时，多采用机械装置清除。

铸件内腔的型芯和芯骨可用手工或振动出芯机去除。

粘砂主要采用机械抛丸方法清除，小型铸件可采用抛丸清理滚筒、履带式抛丸清理机；大、中型铸件可用抛丸室、抛丸转台等设备清理，生产量不大时也可用手工清理。

七、铸件的主要缺陷及其产生的原因

清理完的铸件要进行质量检验，合格铸件验收入库，废品重新回炉，并对铸件缺陷进行分析，找出主要原因，提出预防措施。

铸造工序繁多，铸件缺陷类型很多，产生的原因也十分复杂。常见的铸件缺陷有：气孔、缩孔、缩松、砂眼、渣孔、夹砂、粘砂、冷隔、浇不足、裂纹、错型、偏芯，以及化学成分不合格、力学性能不合格、尺寸和形状不合格等。表2-2列举了一些常见铸件缺陷的特征及其产生原因。

表 2-2　常见铸件缺陷的特征及其产生原因

类别	缺陷名称和特征	主要原因分析
孔洞类	气孔:铸件内部出现的孔洞,常为梨形、圆形和椭圆形,孔的内壁较光滑	1)砂型紧实度过高 2)型砂太湿,起模、修型时刷水过多 3)砂芯未烘干或通气道堵塞 4)浇注系统不正确,气体排不出
	缩孔:铸件厚截面处出现的形状极不规则的孔洞,孔的内壁粗糙 缩松:铸件截面上细小而分散的缩孔	1)浇注系统或冒口设置不正确,补缩不足 2)浇注温度过高,金属液态收缩过大 3)铸铁中碳、硅含量低,其他合金元素含量高时易出现缩松
	砂眼:铸件内部或表面带有砂粒的孔洞	1)型砂太干、韧性差、易掉砂 2)局部没舂紧,型腔、浇口内散砂未吹干 3)合箱时砂型局部挤坏,掉砂 4)浇注系统不正确,冲坏型砂
	渣气孔:铸件浇注时的上表面充满熔渣的孔洞,常与气孔并存,大小不一,成群集结	1)浇注温度太低,熔渣不易上浮 2)浇注时没有挡住熔渣 3)浇注系统不正确,挡渣作用差
表面缺陷类	机械粘砂:铸件表面黏附着一层砂粒和金属的机械混合物,使表面粗糙	1)砂型舂得太松,型腔表面不致密 2)浇注温度过高,金属液渗透力大 3)砂粒过粗,砂粒间空隙过大
	夹砂结疤:铸件表面有局部突出的长条疤痕,其边缘与铸件本体分离,并夹有一层型砂,多产生在大平板铸件的上型表面(见图 a) 鼠尾:在大平板铸件的下型表面有浅的条状凹槽或不规则折痕(见图 b)	1)型砂的热湿强度较低,特别在型腔表面层受热后,水分向内部迁移形成的高水层处更低 2)表层石英砂受热膨胀拱起,与高水层分离直至开裂 3)砂型局部过紧、不均匀,易出现表层拱起 4)浇注温度过高,型腔烘烤厉害 5)浇注速度过慢,铁液压不住拱起的表层型砂,易产生鼠尾

（续）

类别	缺陷名称和特征	主要原因分析
形状差错类	偏心:铸件内腔和局部形状位置偏错	1）砂芯变形 2）下芯时放偏 3）砂芯没固定好,浇注时被冲偏
	错箱:铸件的一部分与另一部分在分型面处相互错开	1）合箱时上、下型错位 2）定位销或泥记号不准 3）造型时上下模有错动
裂纹冷隔类	热裂:铸件开裂,裂纹断面严重氧化,呈暗蓝色,外形曲折而不规则 冷裂:裂纹断面不氧化并发亮,有时轻微氧化,呈连续直线状	1）砂型（芯）退让性差,阻碍铸件收缩而引起过大的内应力 2）浇注系统开设不当,阻碍铸件收缩 3）铸件设计不合理,薄厚差别大
	冷隔:铸件上有未完全融合的缝隙,边缘呈圆角	1）浇注温度过低 2）浇注速度过慢 3）内浇道截面尺寸过小,位置不当 4）远离浇口的铸件壁太薄
残缺类	浇不足:铸件残缺,或轮廓不完整,或形状完整但边角圆滑光亮,其浇注系统是充满的	1）浇注温度过低 2）浇注速度过慢 3）内浇道截面尺寸和位置不当 4）未开出气口,金属液的流动受型内气体阻碍

八、特种铸造方法简介

除普通砂型铸造以外的其他铸造方法统称为特种铸造。特种铸造方法很多,而且各种新方法不断出现,下面简单介绍几种常见的特种铸造方法。

1. 金属型铸造

在重力下把金属液浇入金属铸型而获得铸件的方法称为金属型铸造。

金属型一般用铸铁或铸钢制成,型腔表面需喷涂一层耐火涂料。图 2-35 所示为垂直分型的金属型,由活动半型和固定半型两部分组成,设有定位装置与锁紧装置,可以采用砂芯或金属芯铸孔。

金属型铸造的优点:

1）一型多铸,一个金属型可以铸造几百个甚至几

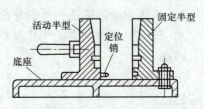

图 2-35　垂直分型的金属型

万个零件。

2）生产率高。

3）冷却速度快，铸件组织致密，力学性能好。

4）铸件表面光洁，尺寸准确，铸件尺寸公差等级可达 IT6~IT9。

金属型铸造的缺点：

1）金属型成本高，加工费用大。

2）金属型没有退让性，不宜生产形状复杂的铸件。

3）金属型冷却快，铸件易产生裂纹。

金属型铸造常用于大批量生产的中小型有色金属材料的铸件，也可用于铸造铸铁件。

2. 压力铸造

压力铸造是将金属液在高压下高速充型，并在压力下凝固获得铸件的方法。其压力从几兆帕（MPa）到几十兆帕，铸型材料一般采用耐热合金钢。用于压力铸造的机器称为压铸机。压铸机的种类很多，目前应用较多的是卧式冷压式压铸机，其生产工艺过程如图 2-36 所示。

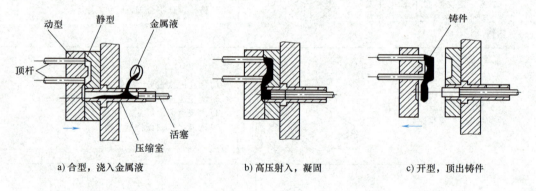

a) 合型，浇入金属液　　　　b) 高压射入，凝固　　　　c) 开型，顶出铸件

图 2-36　压力铸造工艺过程示意图

压力铸造的优点：

1）由于金属液在高压下形成，因此可以铸出壁很薄、形状很复杂的铸件。

2）压铸件在高压下结晶凝固，组织致密，力学性能比砂型铸件提高 24%~40%。

3）压铸件表面粗糙度值 Ra 可达 3.2~0.8μm，铸件尺寸公差等级可达 IT4~IT8，一般不需要再进行机械加工，或只需进行少量的机械加工。

4）生产率高，每小时可生产几百个铸件，而且易于实现半自动或自动化生产。

压力铸造的缺点：

1）铸型结构复杂，加工精度和表面粗糙度要求严格，成本很高。

2）不适于压铸铸铁、铸钢等金属，因浇注温度高，铸型的寿命很短。

3）压铸件易产生皮下气孔等缺陷，不易进行机械加工和热处理，否则气孔会暴露出来形成凸瘤。

压力铸造适用于有色金属的薄壁小件的大量生产，在航空、汽车、电器和仪表工业中广泛应用。

3. 离心铸造

离心铸造是将金属液浇入旋转的铸型中，然后在离心力的作用下凝固成形的铸造方法，其工艺过程如图 2-37 所示。离心铸造一般都是在离心铸造机上进行的，铸型多采用金属型，可以围绕垂直轴或水平轴旋转。

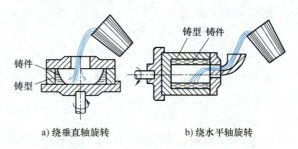

a) 绕垂直轴旋转　　　b) 绕水平轴旋转

图 2-37　离心铸造工艺过程示意图

离心铸造的优点：

1）合金液在离心力作用下凝固，组织致密、无缩孔、无气孔和渣眼等缺陷，铸件力学性能好。

2）铸造圆形中空的铸件可不用型芯。

3）不需要浇注系统，提高了金属液的利用率。

离心铸造的缺点：

1）内孔尺寸不精确，非金属夹杂物较多，增加了内孔的加工量。

2）易产生比重偏析，不宜铸造比重偏析大的合金材料，如铅青铜等。

离心铸造适用于铸造铁管、钢辊筒、铜套等回转体零件，也可用来铸造成形铸件。

4. 熔模铸造

熔模铸造是用易熔材料（如石蜡等）制成模样（称为蜡模），用加热的方法使模样熔化流出，从而获得无分型面、形状准确的型壳，经浇注获得铸件的方法，又称为失蜡铸造。

图 2-38 所示为叶片的熔模铸造工艺过程示意图。先在压型上做出单个蜡模，再把单个蜡模焊到蜡质的浇注系统上（称为蜡模组）。随后在蜡模组上分层涂挂涂料及撒上石英砂，并硬化结壳。熔化蜡模，得到中空的硬型壳。型壳经高温焙烧去掉杂质后放在砂箱内，填入干砂，浇注。冷却后，将型壳打碎取出铸件。

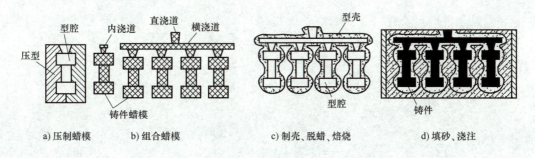

a) 压制蜡模　　b) 组合蜡模　　c) 制壳、脱蜡、焙烧　　d) 填砂、浇注

图 2-38　叶片的熔模铸造工艺过程示意图

熔模铸造的优点：

1）铸件精度高，铸件尺寸公差等级可达 IT4～IT7，表面粗糙度值 Ra 可达 $6.3～1.6\mu m$，一般可不再进行机械加工。

2）适用于各种铸造合金，特别是对于熔点很高的耐热合金铸件，它几乎是目前唯一的铸造方法，因为型壳材料是耐高温的。

3）因为是用熔化的方法取出蜡模，所以可做出形状复杂、难于机械加工的铸件，如汽轮机叶片等。

熔模铸造的缺点：

1）工艺过程复杂，生产成本高。

2）因蜡模易软化变形，且型壳强度有限，故不能用于生产大型铸件。

熔模铸造广泛用于航空、电器、仪器和刀具等制造行业。

习题与思考题

1. 什么是铸造？其有什么特点？哪些零件适合铸造生产？

2. 型砂应具备哪些性能？型砂性能对铸件质量有何影响？

3. 砂型铸造中常见的手工造型方法有哪些？各有什么特点？

4. 试比较手工造型和机器造型的特点和应用范围。

5. 冒口的作用是什么？一般应设置在铸件的什么位置？

6. 铸件分型面的选择原则有哪些？它与浇注位置选择原则有什么关系？

7. 常见铸造缺陷有哪些？它们的特征及产生的原因分别有哪些？

8. 试比较熔模铸造、金属型铸造、离心铸造和压力铸造的特点及应用范围。

第三章

锻　压

第一节　概　述

锻压是锻造和冲压的简称。它是使热态或冷态金属材料在冲击力或静压力作用下产生塑性变形，从而获得所需形状尺寸和力学性能的毛坯或零件的一种加工方法。它们的制品分别称为锻件和冲压件，如图 3-1 所示。

a) 发动机曲轴的锻造件　　　　　　　　　　b) 冲压的合页

图 3-1　锻压零件

锻造可分为自由锻和机器锻两大类。自由锻又分为手工自由锻和机器自由锻。锻造时需要对金属材料加热，而冲压一般无须对金属材料加热。

用于锻造的金属必须具有良好的塑性，以便在锻造过程中变形而不发生破坏。具有良好塑性的钢、铜合金及铝合金等可以进行锻造，而铸铁等塑性很差的金属不能用于锻造。

金属材料经锻造后，能获得致密、均匀的内部组织，强度和冲击韧度均有所提高，因此常以锻件作为机器中承受重载荷和冲击载荷的重要零件的毛坯。冲压件具有强度高、刚度大、重量轻且结构紧凑等优点。锻压加工在机械制造中是一种重要的工艺方法。

第二节　锻造生产的安全操作规程

锻造生产现场条件较差。锻造加工一般噪声大，灰尘大；金属在高温时被锻打，易飞出伤人。实训时，应严格遵守安全操作技术规范和制度，防止意外事故的发生。参照《锻造生产安全与环保通则》（GB 13318—2003）和《冲压车间安全生产通则》（GB 8176—2012），锻造生产的安全操作规程见表 3-1。

表 3-1　锻造生产的安全操作规程

序号	安 全 规 程
1	工作前，要穿好工作服、隔热工作鞋，戴好安全帽和护目镜，工作服应当很好地遮蔽身体，以防烫伤
2	检查所用的工具、模具是否牢固、良好、齐备；锤头、锤杆有无裂纹现象，锤头与锤是否松动，气压表等仪表是否正常，气压是否符合规定

（续）

序号	安　全　规　程
3	设备起动前,应检查电气接地装置、防护装置,离合器等是否良好,并为设备加好润滑油,空车试运转5min,确认无误后,方可进行工作。采用机械化传送带运输锻件,要检查传送带上下左右是否有障碍物,传送带试车正常后方可工作
4	锻件在传送时不得随意投掷,以防烫伤、砸伤。大的锻件必须用钳子夹牢,由吊车传送
5	操作时,严禁用手伸入到锤的下方取、放锻件。不得用手或脚直接清除砧铁上的氧化皮或推传锻打的工件
6	工作现场除操作人员外,严禁无关人员观看,防止工件飞出击伤人

第三节　金属的加热和锻件的冷却

一、加热的目的及锻造温度

在锻造生产中,为使金属易于流动成形并获得良好的锻后组织,需对金属加热,其目的是提高金属的塑性变形和降低变形抗力。一般来说,加热温度越高,金属的强度越低而塑性越好。但加热温度过高,则会出现过热或过烧等加热缺陷,乃至锻件报废。金属锻造时加热的最高允许温度称为始锻温度。随着金属在锻造过程中热量的逐渐散失,温度不断下降,从而塑性降低、变形抗力增大。当温度降低到某一值时,不仅难以继续锻造,且易开裂,必须停止锻造而再次加热。金属不宜继续锻造的温度称为终锻温度。

某金属材料的始锻温度至终锻温度的温度区间称为该金属材料的锻造温度范围。不同的金属材料,锻造温度范围也不同,见表3-2。在锻造生产中,金属的加热温度可用温度测量仪表测量,也可以用观察金属火色的经验方法判断。

表3-2　常用金属材料的锻造温度范围

材料种类	始锻温度/℃	终锻温度/℃
低碳钢	1200~1250	800
中碳钢	1150~1200	800
合金结构钢	1100~1180	850
铝合金	450~500	350~380
铜合金	800~900	650~700

二、锻件的锻后冷却

锻件锻后冷却是锻造生产中的一个重要环节,它直接影响锻件的质量。冷却方式有以下几种：空冷、坑冷和炉冷。

(1) 空冷　将锻件置于无风、干燥的空气中冷却称为空冷。它主要适用于低、中碳钢及低合金钢的小型锻件。

(2) 坑冷　坑冷是将锻件埋入充有石棉灰、砂子或炉灰等保温材料的坑中冷却,主要适用于合金工具钢、高碳钢等锻件。

(3) 炉冷　锻件锻后马上放入500~700℃的加热炉中随炉缓慢冷却,适用于高合金钢等锻件。

一般来说,锻件材料含碳量和合金元素含量越高,锻件尺寸越大、形状越复杂,则冷却速度要求越缓慢。

第四节　自　由　锻　造

自由锻造是利用简单的通用工具或锻压机器的冲击力或静压力，使金属坯料在砧铁上产生塑性变形而获得锻件的方法。它分为手工自由锻和机器自由锻。自由锻应用较为广泛，且机器自由锻正逐步取代手工自由锻。

一、机器自由锻设备

机器自由锻设备主要有空气锤、蒸汽-空气锤和水压机等。空气锤适用于小型锻件的锻造，蒸汽-空气锤适用于中型锻件的锻造，水压机适用于大型锻件的锻造。空气锤的外形及工作原理如图 3-2 所示。

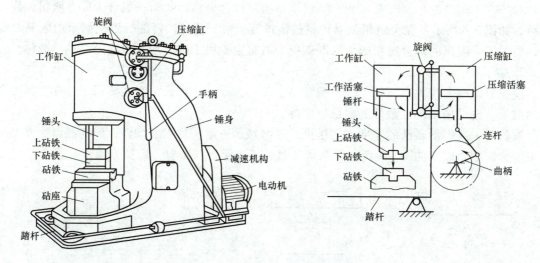

图 3-2　空气锤的外形及工作原理

1. 空气锤的结构及工作原理

空气锤由锤身、传动机构、压缩缸、工作缸、操纵机构、砧座及落下部分等组成。锤身用以连接其他各部分，传动机构是将电动机的旋转运动减速后传递给曲柄，曲柄通过连杆带动压缩缸内的压缩活塞往复运动，使压缩缸的上下腔交替产生压缩空气并分别进入工作缸的上下腔，从而使工作活塞、锤头、上砧铁等落下部分在压缩空气的压力作用下做上下往复运动，实现对锻件的锻打。操纵机构是通过踏杆或手柄控制上下旋阀的开启和关闭，使工作活塞上下运动。

空气锤的规格是以落下部分的质量表示的。如 65kg 的空气锤是指落下部分的质量为 65kg，其产生的打击力大约为落下部分质量的 1000 倍。

2. 空气锤的基本动作

通过操纵机构可使锤头完成下列动作：上提、下压、单击、连击和空转等。

（1）上提　当压缩空气进入工作缸下腔时，上腔与大气相通，锤头提升至最高位置。此时可在锤上进行各种辅助性操作，如摆放坯料、工具，测量锻件尺寸等。

（2）下压　与上提相反，当压缩空气进入工作缸上腔时，下腔与大气相通，锤头压紧坯料。此时可进行弯曲、扭转等操作。

（3）单击　将踏杆踩下后立即抬起，或将手柄由上提位置推至打击位置又立即拉回到上提位置，可形成对坯料的单次打击。控制踏杆或手柄的动作幅度可实现重击或轻击。

（4）连击　将踏杆踩下或将手柄推至打击位置不动，则压缩缸和工作缸各腔均不与大气相通，可实现连续打击。

（5）空转　通过操纵机构，使压缩缸和工作缸的上下腔均与大气相通，锤的落下部分靠自重停留在最下位置，电动机空转，锻锤不工作。

二、自由锻的基本工序及操作

自由锻的基本工序有镦粗、拔长、冲孔、弯曲、扭转、错移和切割等，以前三种工序应用最多。

1. 镦粗

使坯料的高度减小而横截面积增大的锻造工序称为镦粗。镦粗一般分为完全镦粗和局部镦粗，如图3-3所示。完全镦粗是对坯料整体进行镦粗。若将坯料部分置于漏盘内限制其变形，而对不受限制的部分镦粗则为局部镦粗。镦粗主要用于制造齿轮、法兰等盘类锻件。

2. 拔长

使坯料横截面积减小而长度增加的锻造工序称为拔长。拔长工序主要用于连杆、轴类锻件的成形，也可用于改善锻件的内部质量等。

拔长时，坯料沿砧铁的宽度方向送进，控制好送进量，且不断翻转，使其截面始终保持近似方形，翻转顺序如图3-4所示。在拔长时，还要配合以压肩、修整等操作。

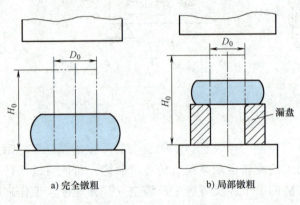

a) 完全镦粗　　b) 局部镦粗

图 3-3　镦粗工序

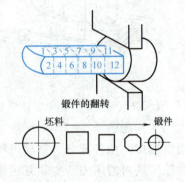

锻件的翻转

坯料　　　　锻件

图 3-4　拔长工序

3. 冲孔

在锻件上锻出通孔或不通孔的锻造工序称为冲孔。根据孔的深度不同，有单面冲孔和双面冲孔两种方法，如图3-5所示。先将坯料加热至始锻温度；用冲子在坯料上冲出孔位凹痕，检查孔位是否准确；在凹痕内撒些煤粉以便于拔出冲子，将冲子放好位置，且保持和砧面垂直；对于厚度较小的工件，采用单面冲孔（见图3-5a），此时冲子大头朝下直接冲透，工件下面一般垫上漏盘。对于厚度较大的工件，采用双面冲孔（见图3-5b），先将孔冲深至工件厚度的2/3~3/4，拔出冲子后，翻转工件从后面将孔冲透。

4. 弯曲

将工件弯曲成一定角度的形状的锻造工序称为弯曲，如图3-6所示。

5. 扭转

扭转是将坯料的一部分相对于另一部分绕同一轴线旋转一定角度的锻造工序，如图3-7所示。

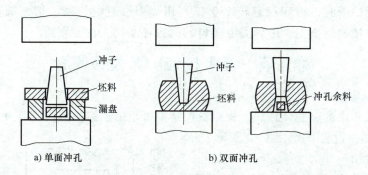

图 3-5 冲孔工序

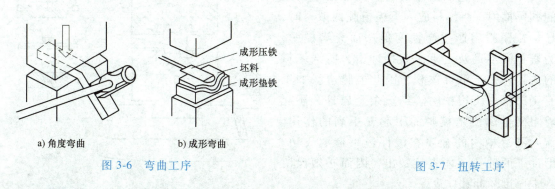

图 3-6 弯曲工序   图 3-7 扭转工序

6. 错移

错移是将坯料的一部分相对于另一部分相互平行移动错开的锻造工序，如图 3-8 所示。

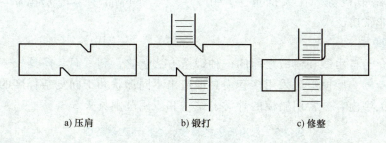

图 3-8 错移工序

7. 切割

切割是分离坯料或切除锻件多余部分的锻造工序，如图 3-9 所示。切割方截面坯料时，

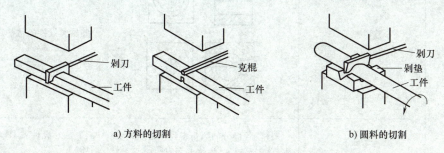

图 3-9 切割工序

先用剁刀切入至快断时，将坯料翻转180°，再用剁刀或克棍切断。切割圆截面坯料时，将坯料放在带半圆槽的剁垫上，用剁刀沿坯料的周边逐渐切入直至剁断。

第五节　锤上模锻和胎模锻简介

一、锤上模锻

模锻是将加热后的金属坯料置于固定在模锻设备上的锻造模具内，在冲击力或压力的作用下，迫使金属在模腔内发生塑性变形，从而获得所需形状和尺寸的锻件的锻造方法。

锤上模锻的工作示意图如图 3-10 所示。上模和下模通过楔铁分别紧固在锤头和模座的燕尾槽内。将坯料放入下模模腔内锻打时，坯料在模腔内产生塑性变形从而充满模腔，为避免锻不足及上下模直接冲击，所选坯料的体积应大于锻件体积，因此模腔边缘加工有飞边槽。飞边槽除容纳多余金属外，还起着阻碍金属流出模腔而引起充不满的作用。流入飞边槽内的金属在锻件边缘形成飞边。锻件上的轴孔不能直接锻出，因而必须保留一定厚度的冲孔连皮。

常用的模锻设备有模锻锤、曲柄压力机、摩擦压力机和平锻机等。在大批量生产中，锤上模锻应用非常广泛。

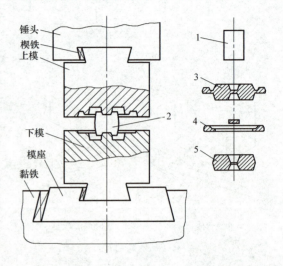

图 3-10　锤上模锻的工作示意图
1—坯料　2—锻造中的坯料　3—带飞边和连皮的锻件　4—飞边和连皮　5—锻件

二、胎模锻

胎模锻是介于自由锻和模锻之间的一种锻造方法。它是利用简单模具——胎模在自由锻设备上进行生产的。胎模锻可采用多套模具锻造出不同形状和不同复杂程度的模锻件，每套模具完成一道工序内容。常用胎模的种类、结构和应用范围见表 3-3。

表 3-3　常用胎模的种类、结构和应用范围

序号	类别	名称	结构简图	应用范围
1	摔子	整形摔子		圆轴类锻件的精整
		制坯摔子	图略，各部分的圆角半径比整形摔子大，变形量较大时，横截面为椭圆形	圆轴类锻件或杆类锻件的制坯

（续）

序号	类别	名称	结构简图	应用范围
2	扣模	开口扣模		杆类非回转体锻件局部成形，或为用合模锻制的锻件制坯
		闭口扣模		饼块类非回转体锻件的整体成形，或为用合模锻制的锻件制坯
3	弯模	弯模		弯曲类锻件的成形，或为用合模锻制的锻件制坯
4	套模	开式套模		盘类锻件的成形，或为用合模锻制的锻件制坯
		闭式套模		主要用于回转体锻件的无飞边锻造，也可用于非回转体锻件的锻造
5	合模	合模		形状复杂的非回转体锻件的锻造

第六节　板料冲压

　　板料冲压是利用装在压力机上的冲模，使金属板料变形或分离，从而获得毛坯或零件的加工方法。板料冲压件的厚度一般都不超过 2mm，冲压前不需加热，故又称为薄板冲压或冷冲压。

　　常用的冲压材料是低碳钢、铜合金、铝合金及奥氏体不锈钢等强度低而塑性好的金属。

　　冲压件尺寸精确，表面光洁，一般不再进行切削加工，只需钳工稍做加工或修整，即可作为零件使用。

一、冲压设备

冲压设备的种类很多，如压力机、剪板机、曲柄压力机和液压机等，小型零件的冲压以压力机应用最为广泛。常用开式压力机如图 3-11 所示。

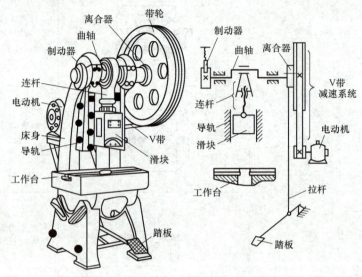

图 3-11　常用开式压力机

二、冲模

冲模按其结构特点不同，分为简单冲模、复合冲模和连续冲模三类。

在滑块一次行程中只完成一个冲压工序的冲模称为简单冲模，如图 3-12 所示。

在滑块的一次行程中，在模具的同一位置完成两个或多个工序的冲模称为复合冲模，如图 3-13 所示。

在滑块的一次行程中，在模具的不同部位同时完成两个或多个冲压工序的冲模称为连续冲模，如图 3-14 所示。

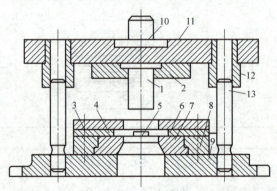

图 3-12　简单冲模

1—凸模　2、8—压板　3—卸料板　4、6—导料板　5—定位销　7—凹模
9—下模板　10—模柄　11—上模板　12—导套　13—导柱

三、冲压的基本工序

冲压的基本工序分为两大类，即分离工序和变形工序。分离工序包括剪切和冲裁；变形

工序包括弯曲、拉深、翻边、成形、缩口和卷边等。板料冲压的基本工序及性质见表3-4。

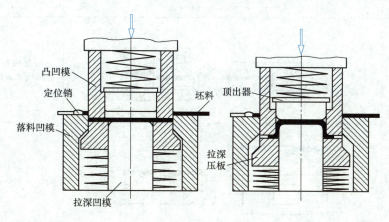

图 3-13 落料-拉深复合冲模

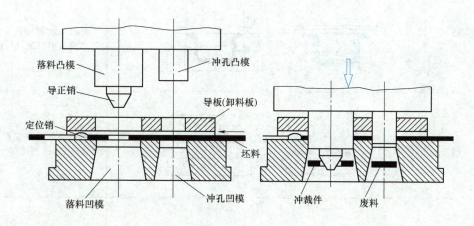

图 3-14 连续冲模

表 3-4 板料冲压的基本工序及性质

类别	工序		图 例	工序性质
分离	冲裁	落料		用模具沿封闭线冲切板料,冲下部分为工件,其余部分为废料
		冲孔		用模具沿封闭线冲切板料,冲下部分为废料

（续）

类别	工序	图　　例	工序性质
分离	剪切		用剪刀或模具切断板材，切断线不封闭
	切口		在坯料上将板材部分切开的切口部分发生弯曲
	切边		将拉深或成形后的半成品边缘部分的多余材料切掉
	剖切		将半成品切开成两个或几个工件，常用于成双冲压
变形	弯曲		用模具使材料弯曲成一定形状
	卷圆		将板料端部卷圆
	扭曲		将平板坯料的一部分相对于另一部分扭转一个角度

（续）

类别	工序		图　　例	工序性质
变形	拉深			将板料压制成空心凹深型工件,壁厚基本不变
	变薄拉深			用减小直径与壁厚、增加工件高度的方法来改变空心件的尺寸,得到要求底厚、壁薄的工件
	翻边	孔的翻边		将板料或工件上有孔的边缘翻成竖立边缘
		外缘翻边		将工件的外缘翻起圆弧或曲线状的竖立边缘
	缩口			将空心件的口部缩小
	扩口			将空心件的口部扩大,常用于管子
	起伏			在板料或工件上压出筋条、花纹或文字,在起伏处的整个厚度上都有变薄

（续）

类别	工序	图 例	工 序 性 质
变形	卷边		将空心件的边缘卷成一定的形状
	胀形		将空心件（或管料）的一部分沿径向扩张，呈凸肚形
	旋压		利用赶棒或滚轮将板料毛坯赶压成一定形状（分变薄和不变薄两种）
	整形		把形状不太准确的工件校正成形
	校平		将毛坯或工件不平的面或弯曲予以压平
	压印		改变工件厚度，在表面上压出文字或花纹

习题与思考题

1. 与铸造相比，锻压加工有哪些特点？
2. 什么是自由锻？自由锻的特点和应用范围有哪些？
3. 空气锤由哪几部分组成？各部分的作用是什么？
4. 自由锻的基本工序有哪些？各自有什么特点？
5. 压力机的组成和各部分的作用是什么？
6. 冲压的基本工序有哪些？各自有什么特点？
7. 冲模有哪几类？它们有什么主要区别？
8. 冲模一般包括哪几部分结构？各部分的作用是什么？

第四章

焊　接

第一节　概　述

一、焊接的特点

焊接是通过加热或加压（或两者并用），并且用或不用填充材料，使焊件形成原子间结合的一种连接方式（见图 4-1a）。与铆接（见图 4-1b）相比，焊接具有节省材料、接头密封性好、设计和施工较易、生产率高、劳动条件好等优点。在许多工业部门中应用的金属结构，如建筑钢结构、船体、机车车辆、管道和压力容器等，几乎全部采用了焊接结构。

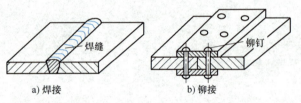

图 4-1　焊接和铆接

在工业生产中应用的焊接方法很多，按焊接过程特点的不同，可分为熔焊、压焊和钎焊三大类。其中最常用的是熔焊，如电弧焊、气焊等。各种熔焊方法的共同特点是将焊件连接处局部加热到熔化状态，填充金属，然后冷却凝固成一体，不加压力完成焊接。

用焊接方法连接的接头称为焊接接头，熔焊的焊接接头如图 4-2 所示，它由焊缝和热影响区组成。被连接的焊件材料称为母材（或称为基本金属）。焊接过程中局部受热熔化的金属形成熔池，熔池金属冷却凝固形成焊缝。焊缝两侧的母材受焊接加热的影响（但未熔化），引起金属内部组织和力学性能变化的区域，称为焊接热影响区（简称热影响区）。焊缝和热影响区的分界线称为熔合线。

焊缝各部分的名称如图 4-3 所示。焊缝表面上的鱼鳞状波纹称为焊波。焊缝表面与母材的交界处称为焊趾。超出母材表面焊趾连线上面的那部分焊缝金属的高度称为余高。单道焊缝横截面中，两焊趾之间的距离，称为焊缝宽度，又称为熔宽。在焊接接头横截面上，母材熔化的深度称为熔深。

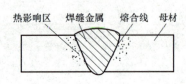

图 4-2　熔焊的焊接接头

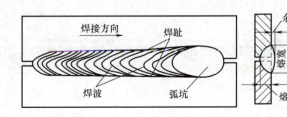

图 4-3　焊缝各部分的名称

二、焊接的安全操作规程

焊接的安全操作规程见表 4-1。

表 4-1　焊接的安全操作规程

序号	安　全　规　程
1	穿好工作服,戴好电焊手套,以免弧光伤害皮肤;施焊时必须使用面罩,保护眼睛和面部
2	焊前检查弧焊机外壳接地是否良好,焊钳和焊接电缆的绝缘必须良好,人体不要同时触及焊机输出两端
3	任何时候焊钳都不能放在工作台上,以免短路烧坏焊机
4	发现焊机出现异常时,应立即停止工作,切断电源
5	清渣时要注意渣的飞溅,防止渣烫伤眼睛和脸部,焊接后的焊件,不准直接用手拿取,应使用夹钳

<h2 align="center">第二节　焊条电弧焊</h2>

利用电弧作为焊接热源的熔焊方法称为电弧焊。用手工操作焊条进行焊接的电弧焊方法称为焊条电弧焊,如图 4-4 所示。焊条电弧焊时,焊条和焊件分别作为两个电极,电弧在焊条和焊件之间产生。在电弧热量作用下,焊条和焊件同时熔化,形成金属熔池,随着电弧沿着焊接方向前移,熔池金属迅速冷却,凝固成焊缝。

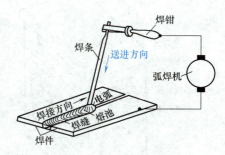

图 4-4　焊条电弧焊

焊条电弧焊所需的设备简单,操作方便、灵活,适应性强。它适用于厚度 2mm 以上的各种金属材料和各种形状结构的焊接,特别适用于结构复杂、焊缝短小、弯曲或各种空间位置焊缝的焊接。焊条电弧焊的主要缺点是生产率低,焊接质量不稳定,对操作者的技术水平要求较高。目前,它是工业生产中应用最广的一种焊接方法。

一、焊接电弧

焊接电弧是由焊接电源供给的,具有一定电压的两电极间（或电极与焊件间）在气体介质中产生的强烈、持久的放电现象。电弧稳定燃烧时,参与导电的带电粒子主要是电子和正离子。电弧中的这些带电粒子主要是靠电弧中气体介质的电离和阴极的电子发射两个物理过程而产生的。由于在每一瞬间电弧中的正、负电荷数是相等的,所以焊接电弧对外呈电中性。

焊接电弧的结构如图 4-5 所示。它由阴极区、弧柱区和阳极区三部分组成。阴极区和阳极区在电弧中的长度（即此两极区的厚度）很小,分别约为 10^{-4}cm 和 10^{-6}cm,因此可以认为两电极间的距离即为弧柱区的长度。

二、电弧焊机

电弧焊机是利用正负两极在瞬间短路时产生的高温电弧来熔化焊条上的钎料和被焊材料,使被连接物相互结合,达到连接的目的。其结构十分简单,就是一个大功率的变压器。按其供给的焊接电流的性质可分为交流弧焊机和直流弧

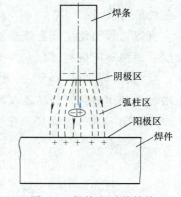

图 4-5　焊接电弧的结构

焊机两类。

1. 交流弧焊机

交流弧焊机实际上是一种具有一定特性的降压变压器，称为弧焊变压器。它把网络电压（220V 或 380V）的交流电变成适合于电弧焊的低压交流电。其结构简单、价格便宜、使用方便、维修容易、空载损耗小，但电弧稳定性较差。图 4-6 所示是一种目前较常用的交流弧焊机的外形，其型号为 BX1-250。

2. 直流弧焊机

生产中常用的直流弧焊机有整流式直流弧焊机和逆变式直流弧焊机等。

（1）整流式直流弧焊机（简称整流弧焊机） 整流弧焊机是电弧焊专用的整流器，故又称为弧焊整流器。它把网络交流电经降压和整流后变为直流电。整流弧焊机弥补了交流弧焊机电弧稳定性差的缺点，且焊机结构较简单、制造方便、空载损耗小、噪声小，但价格比交流弧焊机高。图 4-7 所示为常用的 ZX-300 型整流弧焊机。

图 4-6　BX1-250 型交流弧焊机

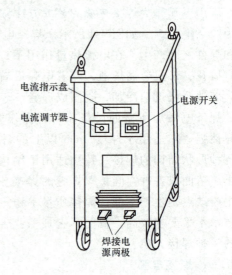

图 4-7　ZX-300 型整流弧焊机

（2）逆变式直流弧焊机（简称逆变弧焊机） 逆变弧焊机又称为弧焊逆变器，是一种很有发展前景的新型弧焊电源。它具有高效节能、重量轻、体积小、调节速度快和良好的弧焊工艺性能等优点。

直流弧焊机输出端有正极和负极之分，焊接时电弧两端极性不变。因此，直流弧焊机输出端有两种不同的接线法：将焊件接到直流弧焊机的正极，焊条接负极，这种接法称为正接；反之，将焊件接到负极，焊条接正极，称为反接。用直流弧焊机焊接厚板时，一般采用正接，以利用电弧正极的温度和热量比负极高的特点，获得较大的熔深；焊接薄板时，为防止焊穿缺陷，常采用反接。在使用碱性焊条时，均采用直流反接，以保证电弧燃烧稳定。

三、焊条

焊条由焊芯和药皮两部分组成，如图 4-8 所示。

焊芯是指焊条内的金属丝，它具有一定的直径和长度。焊芯的直径称为焊条直径，焊芯的长度即焊条的长度。常用的焊条直径和长度规格见表 4-2。

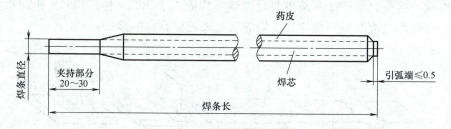

图 4-8　焊条

表 4-2　常用的焊条直径和长度规格

焊条直径/mm	2.0	2.5	3.2	4.0	5.0
焊条长度/mm	250 300	250 300	350 400	350 400 450	400 450

焊芯在焊接时的作用有两个：一是作为电极传导电流，产生电弧；二是熔化后作为填充金属，与熔化的母材一起组成焊缝金属。

药皮是压涂在焊芯表面的涂料层，它由矿石粉、铁合金粉和黏结剂等原料按一定比例配制而成，其主要作用是：

1）改善焊条工艺性。使电弧易于引燃，保持电弧稳定燃烧，有利于焊缝成形，减少飞溅等。

2）机械保护作用。在电弧热量作用下，药皮分解产生大量气体并形成熔渣，对熔化金属起保护作用。

3）冶金处理作用。去除有害杂质，添加有益的合金元素，改善焊缝质量。

焊条按熔渣化学性质不同可分为两大类：药皮熔化后形成的熔渣以酸性氧化物为主的焊条称为酸性焊条，如 E4303、E5003 等；熔渣以碱性氧化物和氟化钙为主的焊条称为碱性焊条，如 E4315、E5015 等。

焊条按用途分为十大类：结构钢焊条、钼和铬钼耐热钢焊条、不锈钢焊条、堆焊焊条、低温钢焊条、铸铁焊条、镍和镍合金焊条、铜和铜合金焊条、铝和铝合金焊条、特殊用途焊条等。

结构钢焊条，包括碳钢焊条和低合金钢焊条，应用最为广泛。焊接不同钢材时应选用不同型号的焊条，如焊接 Q235 钢和 20 钢时选用 E4303 或 E4315 焊条；焊接 16Mn 钢时选用 E5003 或 E5015 焊条。焊条型号中"E"表示焊条，"43"和"50"分别表示熔敷金属抗拉强度最小值为 420MPa 和 490MPa。焊条型号中第三位数字表示适用的焊接位置，"0"和"1"表示适用于全位置焊接。第三位和第四位数字组合时表示药皮类型和焊接电源种类，"03"表示钙型药皮，用于交流或直流正、反接焊接电源均可；"15"表示低氢钠型药皮，直流反接焊接电源。

四、焊接接头形式和坡口形式

1. 焊接接头形式

常见的焊接接头形式有对接接头、搭接接头、角接接头和 T 形接头等，如图 4-9 所示。其中对接接头是指两焊件表面构成大于 135°、小于 180°夹角的接头；搭接接头是指两焊件部分重叠构成的接头；角接接头是指两焊件端部构成大于30°、小于135°夹角的接头；T形接头是指一焊件的端面与另一焊件表面构成直角或近似直角的接头。

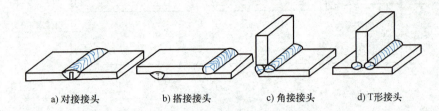

| a) 对接接头 | b) 搭接接头 | c) 角接接头 | d) T形接头 |

图4-9　常见的焊接接头形式

2. 坡口形式

焊件较薄时，在焊件接头处只要留出一定的间隙，采用单面焊或双面焊，就可以保证焊透。焊件较厚时，为了保证焊透，焊接前要把焊件的待焊部位加工成所需的几何形状，即需要开坡口。对接接头常见的坡口形式见表4-3。

表4-3　对接接头常见的坡口形式

坡口名称	焊件厚度 δ/mm	坡口形式	焊缝形式	坡口尺寸 /mm
I 形坡口	1～3			$b = 0 \sim 1.5$
	3～6			$b = 0 \sim 2.5$
Y 形坡口	3～26			$\alpha = 40° \sim 60°$ $b = 0 \sim 3$ $p = 1 \sim 4$
带钝边 U 形坡口	26～60			$\beta = 1° \sim 8°$ $b = 0 \sim 3$ $p = 1 \sim 3$ $R = 6 \sim 8$
双 Y 形坡口	12～60			$\alpha = 40° \sim 60°$ $b = 0 \sim 3$ $p = 1 \sim 3$

（续）

坡口名称	焊件厚度 δ/mm	坡口形式	焊缝形式	坡口尺寸 /mm
双 V 形坡口	>10			$\alpha = 40° \sim 60°$ $b = 0 \sim 3$ $H = \dfrac{1}{2}\delta$

加工坡口时，通常在焊件厚度方向留有直边，称为钝边，其作用是为了防止烧穿。接头组装时，往往留有间隙，这是为了保证焊透。

焊接较厚焊件时，为了焊满坡口，应采用多层焊或多层多道焊，如图 4-10 所示。

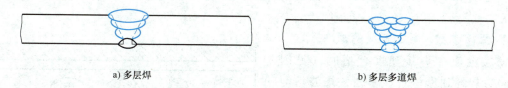

a) 多层焊   b) 多层多道焊

图 4-10 对接 Y 形坡口的多层焊和多层多道焊

五、焊接位置

熔焊时，焊件接缝所处的空间位置称为焊接位置。焊接位置有平焊、立焊、横焊和仰焊等位置。对接接头的各种焊接位置，如图 4-11 所示。平焊生产率高，劳动条件好，焊接质量容易保证。因此，应尽量放在平焊位置施焊。

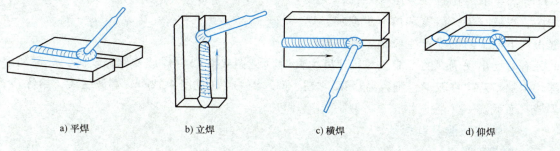

a) 平焊   b) 立焊   c) 横焊   d) 仰焊

图 4-11 对接接头的焊接位置

六、焊接参数

焊接参数是焊接时为了保证焊接质量而选定的各物理量的总称。焊条电弧焊的焊接参数包括焊条直径、焊接电流、电弧电压、焊接速度和焊接层数等。焊接参数选择得是否合适，对焊接质量和生产率都有很大影响。

1. 焊接参数的选择

焊条电弧焊焊接参数的选择，一般先根据焊件厚度选择焊条直径（见表 4-4）。多层焊的第一道焊缝和非水平位置施焊的焊条，应采用直径较小的焊条。然后，根据焊条直径选择焊接电流。一般情况下，可参考下面的经验公式进行选择：

$$I = (30 \sim 50)d$$

式中　I——焊接电流（A）；

　　　d——焊条直径（mm）。

表 4-4　焊条直径的选择

焊件厚度/mm	2	3	4~7	8~12	>12
焊条直径/mm	1.6，2.0	2.5，3.2	3.2，4.0	4.0，5.0	4.0，5.8

　　实际工作时，还要考虑焊件厚度、接头形式、焊接位置和焊条种类等因素，通过试焊来调整和确定焊接电流大小。非水平位置焊接时，焊接电流一般应小些。

　　焊条电弧焊的电弧电压由电弧长度决定：电弧长，电弧电压高；电弧短，电弧电压低。电弧过长时，燃烧不稳定，熔深减小，容易产生焊接缺陷。因此，焊接时应力求使用短弧焊接。一般情况下，要求电弧长度不超过焊条直径。用碱性焊条焊接时，应比酸性焊条弧长更短些。

2. 焊接参数对焊缝形成的影响

　　焊接电流和焊接速度合适时（见图 4-12a），焊缝到母材过渡平滑，焊波均匀并呈椭圆形，焊缝外形尺寸符合要求。焊接电流太小时（见图 4-12b），电弧吹力小，熔池液态金属不易流开，焊波变圆，焊缝到母材过渡突然，余高增大，熔宽和熔深均减小。焊接电流太大时（见图 4-12c），焊条熔化过快，尾部发红，飞溅增多，焊波变尖，熔宽和熔深都增加，焊缝出现下塌，两侧易产生咬边，焊件较薄

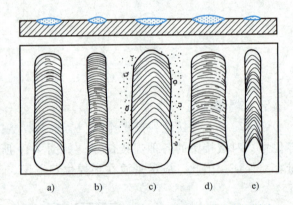

图 4-12　焊接电流和焊接速度对焊缝形状的影响

时，有时会出现烧穿的可能。焊接速度太慢时（见图 4-12d），焊波变圆，余高、熔宽和熔深均增加，若焊件较薄，则容易烧穿。焊接速度太快时（见图 4-12e），焊波变尖，熔深浅，焊缝窄而低。

七、焊接质量及其检验

1. 焊接变形

　　焊接时，焊件受到局部不均匀的加热，焊缝及其附近的金属被加热到高温时，受温度较低部分的母材金属所限制，不能自由膨胀。因此，冷却后将会发生纵向（沿焊缝长度方向）和横向（垂直焊缝方向）的收缩，从而引起焊接变形。

　　焊接变形的基本形式有缩短变形、角变形、弯曲变形、扭曲变形和波浪变形等，如图4-13 所示。焊接变形降低了焊接结构的尺寸精度，为防止和矫正焊接变形应采取一系列工艺措施，从而增加了制造成本，严重的变形还会造成焊件报废。

2. 焊接缺陷

　　焊接缺陷是指焊接过程中在焊接接头处产生的不符合设计或工艺文件要求的缺陷。熔焊常见的焊接缺陷有咬边、焊瘤、未焊透、夹渣、气孔、裂纹和凹坑等，见表 4-5。

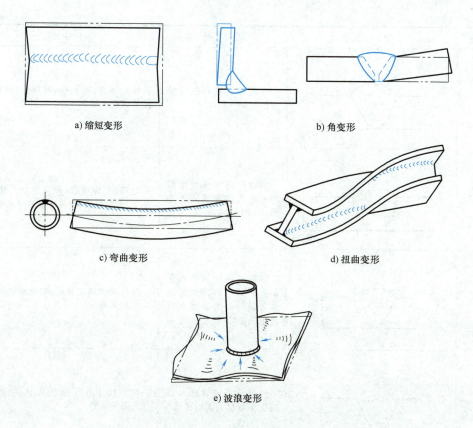

a) 缩短变形　　　　　　　　　　　　　　b) 角变形

c) 弯曲变形　　　　　　　　　　　　　　d) 扭曲变形

e) 波浪变形

图 4-13　焊接变形的基本形式

表 4-5　常见的焊接缺陷及其产生原因

缺陷名称	图　示	说　明	产生原因
咬边	咬边	焊缝表面和母材交界处附近产生沟槽或凹陷	电流过大、电弧过长;焊条角度和运条方法不正确;焊接速度太快
焊瘤	焊瘤	在焊接过程中,熔化金属流淌到焊缝之外未熔化的母材上形成的金属瘤	焊条熔化太快;电弧过长,运条不当;焊接速度太慢
未焊透	未焊透	焊接时接头根部未完全熔透的现象	装配间隙或坡口太小;焊接速度太快;电流过小、电弧过长;焊条未对准焊缝中心

（续）

缺陷名称	图　示	说　明	产生原因
夹渣	夹渣	焊接熔渣残留在焊缝中的现象	焊件不洁,电流小,冷却快,多层焊时各层熔渣未除净等
气孔	气孔	熔池中的气体在凝固时未能逸出而残留下来形成的空穴	焊条潮、焊件脏;焊接速度太快、电流过小、电弧过长;焊件碳硅含量高等
裂纹	裂纹	焊接接头中局部地区的金属原子结合力遭到破坏而形成的新界面所产生的缝隙	焊件碳硫磷含量高,焊缝冷速快,焊接应力过大等
凹坑	凹坑	焊缝表面或背面形成的低于母材表面的区域	坡口尺寸不当;装配不良;电流、焊速与运条不当等

八、焊条电弧焊的基本操作

1. 引弧

焊条和焊件之间产生稳定电弧的过程称为引弧。引弧时，先将焊条引弧端接触焊件，形成短路，然后迅速将焊条向上提起 2~4mm，电弧即可引燃。常用的引弧方法有敲击法和划擦法两种，如图 4-14 所示。

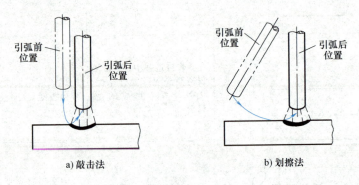

a) 敲击法　　　　b) 划擦法

图 4-14　引弧方法

电弧引燃以后，为了维持电弧稳定燃烧，应不断向下送进焊条。送进速度应和焊条熔化速度相同，以保持电弧长度基本不变。

2. 堆敷平焊波

堆敷平焊波是在平焊位置的焊件上堆敷焊缝，这是焊条电弧焊最基本的操作。初学者进行操作练习时，在选择合适的焊接电流后，应着重注意掌握好焊条角度，控制电弧长度和焊接速度。

（1）焊条角度　平焊的焊条角度如图 4-15 所示。

（2）电弧长度　沿焊条中心线均匀地向下送进焊条，保持电弧长度约等于焊条直径。

（3）焊接速度　均匀地沿焊接方向移动焊条，使焊接过程中保持熔池宽度基本不变（和所要求的焊缝熔宽相一致），如图 4-16 所示。

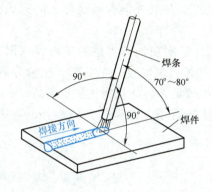

图 4-15　平焊的焊条角度

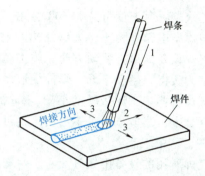

图 4-16　焊条电弧焊的基本动作

1—向下送进　2—沿焊接方向移动　3—横向摆动

3. 对接平焊

对接平焊是将对接接头在平焊位置上施焊的一种操作方法，其操作技术和堆敷平焊波基本相同。厚度为 4~6mm 的低碳钢板对接平焊的操作过程如下。

（1）坡口准备　厚度为 4~6mm 的钢板，可采用 I 形坡口（不开坡口）。

（2）焊前清理　将焊件坡口表面、坡口两侧 20~30mm 范围内的油污、铁锈、水分清除干净。

（3）组对　将两块钢板水平放置，对齐，留 1~2mm 间隙，如图 4-17 所示。注意防止产生错边，错边允许值应小于板厚的 10%。

（4）定位焊　在钢板两端先焊上长 10~15mm 的焊缝（称为定位焊缝），以固定两块钢板的相对位置，如图 4-18 所示。若钢板较长，则可每隔 200~300mm 焊一小段定位焊缝。

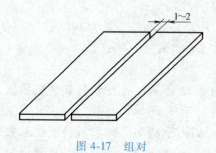

图 4-17　组对

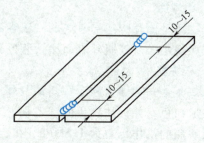

图 4-18　定位焊

（5）焊接　选择合适的焊接参数进行焊接，采用双面焊。

（6）焊后清理　用钢丝刷等工具把焊渣和飞溅物等清理干净。

（7）外观检查　检查焊缝外形和尺寸是否符合要求，并检查有无其他焊接缺陷。

第三节　气焊和气割

气焊是利用气体火焰作为热源的一种焊接方法，如图 4-19 所示。气体火焰是由可燃气体和助燃气体混合燃烧而形成的，当火焰产生的热量能熔化母材和填充金属时，就可以用于焊接。

气焊最常用的气体是乙炔（C_2H_2）和氧气（O_2）。乙炔和氧气混合燃烧形成的火焰称为氧乙炔焰，其温度可达 3150℃左右。

与焊条电弧焊相比，火焰加热容易控制熔池温度，易于实现均匀焊透和单面焊双面成形；气焊设备简单，移动方便，施工场地不受限制。但气体火焰温度比电弧低，热量分散，加热较为缓慢，生产率低，焊件变形严重。另外，其保护效果差，焊接接头质量不高。

气焊主要用于焊接厚度小于 3mm 的低碳钢薄板和薄壁管子以及铸铁件的焊补，对铝、铜及其合金，当质量要求不高时，也可采用气焊。

一、气焊设备

气焊所用的设备由氧气瓶、乙炔瓶（或乙炔发生器）、减压器、回火保险器、焊炬和橡胶管等组成，如图 4-20 所示。

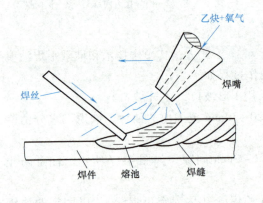

图 4-19　气焊示意图

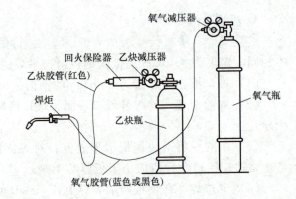

图 4-20　气焊设备及其连接

1. 氧气瓶

氧气瓶是储存和运输氧气的高压容器，其工作压力为 15MPa，容积为 40L，如图 4-21 所示。按照规定，氧气瓶外表面涂天蓝色漆，并用黑漆写上"氧气"两字。

2. 乙炔瓶

乙炔瓶是一种储存和运输乙炔气体的容器，如图 4-22 所示。其外形与氧气瓶相似，外表面漆成白色，并标注红色的"乙炔"和"火不可近"字样。

乙炔瓶的工作压力为 1.5MPa。在乙炔瓶内装有浸满丙酮的多孔性填料，能使乙炔稳定而又安全地储存在瓶内。使用时，溶解在丙酮内的乙炔就分解出来，通过乙炔瓶阀流出，而丙酮仍留在瓶内，以便溶解再次压入的乙炔。乙炔瓶阀下面的填料中心部分的长孔内放着石棉，其作用是帮助乙炔从多孔填料中分解出来。

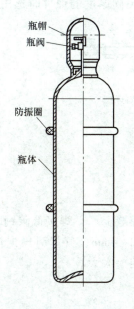

图 4-21　氧气瓶

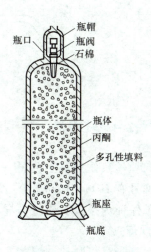

图 4-22　乙炔瓶

3. 减压器

减压器是将高压气体降为低压气体的调节装置。气焊时所需的气体工作压力一般都比较低，如氧气压力通常为 0.2~0.4MPa，乙炔压力最高不超过 0.15MPa。因此，必须将气瓶内输出的气体减压后才能使用。减压器的作用就是降低气体压力。常用的氧气减压器的构造和工作原理如图 4-23 所示。调压螺钉松开时，活门弹簧将活门关闭，减压器不工作，从氧气瓶来的高压气体停留在高压室，高压表指示出高压气体压力，即氧气瓶内气体压力。

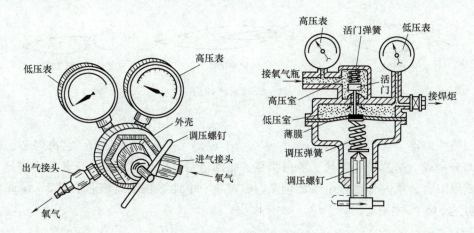

图 4-23　常用的氧气减压器的构造和工作原理

4. 焊炬

焊炬是气焊时用于控制气体混合比、流量及火焰并进行焊接的工具。射吸式焊炬的外形如图 4-24 所示，常用型号有 HO1-2 和 HO1-6 等，型号中的"H"表示焊炬，"O"表示手工，"1"表示射吸式，"2"和"6"表示可焊接低碳钢板的最大厚度分别为 2mm 和 6mm。各种型号的焊炬均配有 3~5 个大小不同的焊嘴，以便焊接不同厚度的焊件时选用。

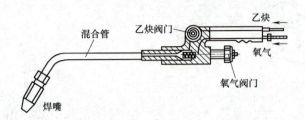

图 4-24　射吸式焊炬外形

二、焊丝与气焊熔剂

1. 焊丝

气焊的焊丝只作为填充金属，与熔化的母材一起组成焊缝金属。焊接低碳钢时，常用的气焊焊丝牌号有 HO8、HO8A 等。气焊焊丝的直径一般为 2~4mm，气焊时根据焊件厚度来选择。为了保证焊接接头质量，焊丝直径和焊件厚度不宜相差太大。

2. 气焊熔剂

气焊熔剂是气焊时的助熔剂，其作用是保护熔池金属，去除焊接过程中形成的氧化物，增加液态金属的流动性。气焊熔剂主要供气焊铸铁、不锈钢、耐热钢、铜和铝等金属材料时使用，气焊低碳钢时一般不需使用气焊熔剂。我国气焊熔剂的牌号有 CJ101、CJ201、CJ301、CJ401 四种。其中 CJ101 为不锈钢和耐热钢气焊熔剂，CJ201 为铸铁气焊熔剂，CJ301 为铜和铜合金气焊熔剂，CJ401 为铝和铝合金气焊熔剂。

三、氧乙炔焰

改变氧和乙炔的混合比例，可获得三种不同性质的火焰，如图 4-25 所示。

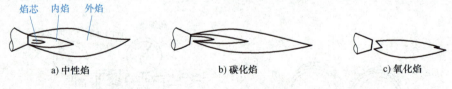

图 4-25　氧乙炔焰

1. 中性焰

氧和乙炔的混合比为 1.1~1.2 时，燃烧所形成的火焰称为中性焰。它由焰芯、内焰和外焰三部分构成。焰芯呈尖锥状，色白明亮，轮廓清楚；内焰呈蓝白色，轮廓不清楚，与外焰无明显界限；外焰向外逐渐由淡紫色变为橙黄色。中性焰在距离焰芯前面 2~4mm 处温度最高，可达 3150℃左右。

2. 碳化焰

碳化焰是指氧与乙炔的混合比小于 1.1 时燃烧所形成的火焰。由于氧气不足燃烧不完全，过量的乙炔分解为碳和氢，故碳会渗到熔池中造成焊缝增碳。碳化焰比中性焰长，其结构也分为焰芯、内焰和外焰三部分。焰芯呈白色，内焰呈淡白色，外焰呈橙黄色。乙炔量多时还会带黑烟。碳化焰用于焊接高碳钢、铸铁和硬质合金等材料。

3. 氧化焰

氧与乙炔的混合比大于 1.2 时燃烧所形成的火焰称为氧化焰。氧化焰比中性焰短，分为焰芯和外焰两部分。由于火焰中有过量的氧，故对熔池金属有强烈的氧化作用，一般气焊时不宜采用。只有在气焊黄铜、镀锌钢板时才采用轻微氧化焰，以利用其氧化性，在熔池表面形成一层氧化物薄膜，减少低沸点金属的蒸发。

四、气焊的基本操作

1. 点火与熄火

点火时，先微开氧气阀门，再打开乙炔气阀门，然后将焊嘴靠近明火点燃火焰。开始练习时，有时会出现连续"放炮"声，其原因是乙炔不纯。这时可放出不纯的乙炔，再重新点火。有时火焰不易点燃，其原因大多是氧气量过大，这时应微关氧气阀门。灭火时，先关闭乙炔气阀门，再关闭氧气阀门。

2. 调节火焰

调节火焰包括调节火焰的种类和大小。首先，根据焊件材料确定应采用哪种氧乙炔焰。通常点火后，得到的火焰多为碳化焰，若要调成中性焰，则应逐渐开大氧气阀门，加大氧气的供给量。调成中性焰后，若继续增加氧气，就会得到氧化焰。反之，若增加乙炔或减少氧气，则可得到碳化焰。

3. 堆敷平焊波

气焊时，一般用右手握焊炬，左手拿焊丝，焊炬指向待焊部分，从右向左移动（称为左向焊）。当焊件厚度较大时，可采用右向焊，即焊炬指向焊缝，从左向右移动。堆敷平焊波的操作要领主要是：

（1）焊嘴的倾斜角度　如图 4-26 所示，焊嘴轴线的投影应与焊缝重合。焊嘴与焊缝的夹角 α，在焊接过程中不断变化：开始加热时应大些，以便能够较快地加热焊件，迅速形成熔池；正常焊接时，一般保持在 $30° \sim 50°$ 之间，焊件较厚时，α 应较大；在收尾阶段，为了更好地填满尾部焊坑，避免烧穿，α 应适当地减小。

图 4-26　焊嘴的倾斜角度

（2）加热温度　如前所述，中性焰的最高温度在距焰芯 $2 \sim 4mm$ 处，用中性焰焊接时，应利用内焰的这部分火焰加热焊件。气焊开始时，应将焊件局部加热到熔化后再加焊丝。加焊丝时，要把焊丝端部插入熔池，使其熔化。焊接过程中，要控制熔池温度，避免熔池下塌。

（3）焊接速度　气焊时，焊炬沿焊接方向移动的速度（即焊接速度）应保证焊件的熔化并保持熔池具有一定的大小。

五、氧气切割

氧气切割（简称气割）是利用某些金属在纯氧中燃烧的原理来实现金属切割的方法，其过程如图 4-27 所示。气割开始时，用气体火焰将割件待切割处附近的金属预热到燃点，然后打开切割氧阀门，纯氧气射流使高温金属燃烧，生成的金属氧化物被燃烧热熔化，并被氧气流吹掉。金属燃烧产生的热量和预热火焰同时又把邻近的金属预热到燃点，沿切割线以一定速度移动割炬，便形成割口。在整个气割过程中，割件金属没有熔化。因此，金属气割过程实质上是金属在纯氧中的燃烧过程。

气割所需的设备，除用割炬代替焊炬外，其他设备与气焊时相同。割炬的外形如图 4-28 所示。常用割炬的型号有 GO1-30 和 GO1-100 等。型号中"G"表示割炬，"O"表示手工，"1"表示吸射式，"30"和"100"表示可切割低碳钢的最大厚度分别为 30mm 和 100mm。各种型号的割炬配有几个大小不同的割嘴，用于切割不同厚度的工件。

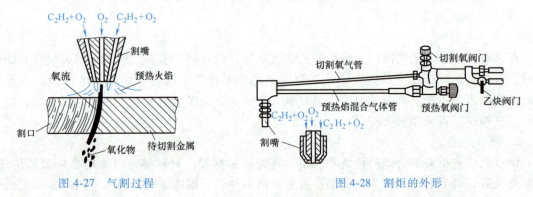

图 4-27　气割过程　　　　　　　　图 4-28　割炬的外形

对金属材料进行气割时，必须具备下列条件：

1）**金属的燃点必须低于其熔点**。这样才能保证金属气割过程是燃烧过程，而不是熔化过程。如低碳钢的燃点约为 1350℃，而熔点约为 1500℃，完全满足气割条件。碳钢随含碳量增加，燃点升高，熔点降低。碳的质量分数为 0.7% 的碳钢，其燃点和熔点差不多；碳的质量分数大于 0.7% 的碳钢，由于燃点高于熔点，故难以气割。铸铁的燃点比熔点高，所以不能采用气割。

2）**金属氧化物的熔点应低于金属本身的熔点，同时流动性要好**。否则，气割过程中形成的高熔点金属氧化物会阻碍下层金属与切割氧射流的接触，使气割发生困难。如铝的熔点（660℃）低于 Al_2O_3 的熔点（2052℃），铬的熔点（1550℃）低于 Cr_2O_3 的熔点（1990℃），所以铝及铝合金、高铬或铬镍钢都不具备气割条件。

3）**金属燃烧时能放出大量的热，而且金属本身的导热性要低，这样才能保证气割处的金属具备足够的预热温度，使气割过程能连续进行**。

满足上述条件的金属材料有纯铁、低碳钢、中碳钢和低合金结构钢等，而铸铁、不锈钢和铜、铝及其合金均不能进行气割。

第四节　其他焊接方法简介

一、气体保护焊

利用外加气体作为电弧介质并保护电弧和焊接区的电弧焊，称为气体保护电弧焊，简称气体保护焊。常用的保护气体有氩气和二氧化碳等。

1. 氩弧焊

氩弧焊是用氩气作为保护气体的气体保护焊。手工钨极氩弧焊是各种氩弧焊方法中应用最多的一种，焊接示意图如图 4-29 所示。焊接时，在钨极和焊件之间产生电弧，填充金属（焊丝）从一侧送入。在电弧热作用下，填充金属与焊件熔融在一起，形成金属熔池。从喷嘴流出的氩气在电弧及熔池周围形成连续封闭的气流，起保护作用。随着电弧前移，熔池金属冷却凝固形成焊缝。

氩弧焊的特点：

1）用氩气保护可焊接化学性质活泼的有色金属及其合金或特殊性能钢，如不锈钢等。

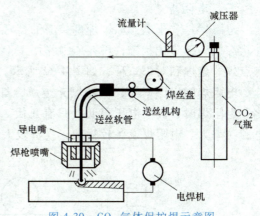

2）电弧燃烧稳定，飞溅小，表面无熔渣，焊缝成形美观，质量好。

3）电弧在气流压缩下燃烧，热量集中，焊缝周围气流冷却，热影响区小，焊后变形小，适宜薄板焊接。

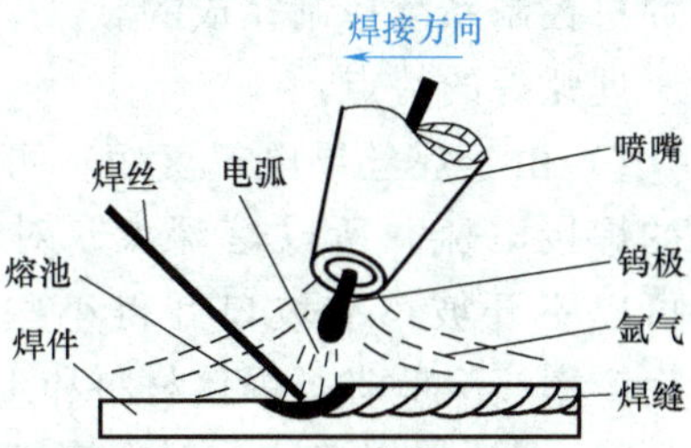

图4-29 手工钨极氩弧焊示意图

4）明弧可见，操作方便，易于自动控制，可实现各种位置焊接。

5）氩气价格较高，焊件成本高。

氩弧焊主要用于焊接铝、镁、钛及其合金、稀有金属、不锈钢、耐热钢等材料。

2. 二氧化碳气体保护焊

二氧化碳气体保护焊是利用 CO_2 气体作为保护气体的气体保护焊，简称 CO_2 焊。它用焊丝做电极并兼做填充金属，用廉价的 CO_2 气体作为保护气体，既降低焊接成本，又能充分利用气体保护焊的优势，CO_2 气体保护焊如图4-30所示。

CO_2 气体经焊枪喷嘴沿焊丝周围喷射，形成保护层，使电弧、熔滴和熔池与空气隔绝。由于 CO_2 气体是氧化性气体，在高温下能使金属氧化，烧损合金元素，所以不能焊接易氧化的有色金属和不锈钢。由于 CO_2 气体冷却能力强，熔池凝固快，所以焊缝中易产生气孔。若焊丝中含碳量高，则飞溅较大。因此，要使用冶金中能产生脱氧和渗合金的特殊焊丝来完成 CO_2 焊。常用的 CO_2 焊焊丝是 H08Mn2SiA，适于焊接抗拉强度小于 600MPa 的低碳钢和普通低合金结构钢。

图4-30 CO_2 气体保护焊示意图

CO_2 气体保护焊的优点是生产率高、成本低、焊接热影响区小、焊后变形小、适应性强、能全位置焊接，易于实现自动化。缺点是焊缝成形稍差、飞溅较大、焊接设备较复杂。此外，由于 CO_2 是氧化性保护气体，不宜焊接有色金属和不锈钢等材料。

二、埋弧焊

埋弧焊是电弧在焊剂层下燃烧，并利用机械自动控制焊丝送进和电弧移动的一种电弧焊方法。

埋弧焊焊缝形成过程如图4-31所示。焊丝端部与焊件之间产生电弧以后，电弧的热量使焊丝、焊件和焊剂熔化，有一部分甚至被蒸发。金属和焊剂的蒸发气体形成一个封闭的保卫电弧和熔池的空腔，使电弧和熔池与外界空气隔绝。随着电弧向前移动，电弧不断熔化前方的焊件、焊丝和焊剂，而熔池的后部边缘则开始冷却凝固形成焊缝，密度较小的熔渣浮在熔池表面，冷却后形成渣壳。

埋弧焊焊接时，引燃电弧、送进焊丝、保持弧长一定和电弧沿焊接方向移动等，全部是由焊机控制系统控制完成的。

埋弧焊的特点：

1）由于焊丝导电长度短，可以采用较大的焊接电流，所以熔深大，对较厚的焊件可以不开坡口或坡口开得小些，既提高了生产率，又节省了焊接材料和工时。

2）埋弧焊焊接时，对金属熔池的保护可靠，焊接质量稳定。由于实现了焊接过程机械化，故对焊工的操作技术要求较低。

3）电弧在焊剂层下燃烧，避免了弧光对人体的伤害，改善了劳动条件。

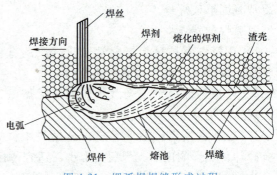

图 4-31　埋弧焊焊缝形成过程

埋弧焊的缺点：焊接设备比较复杂，维修保养工作量较大，而且适应性差，只适宜在水平位置焊接。

埋弧焊适用于中厚板焊件的批量生产，焊接在水平位置的长直焊缝和较大直径的环形焊缝。

三、电阻焊

电阻焊是利用电流通过焊件接头的接触表面及邻近区域产生的电阻热，把焊件加热到塑性状态或局部熔化状态，再在压力作用下形成牢固接头的一种压焊方法。电阻焊的基本形式有点焊、缝焊和对焊三种，如图 4-32 所示。

电阻焊的生产率高，不需填充金属，焊接变形小，操作简单，易于实现机械化和自动化。电阻焊时，焊接电压很低（只有几伏），但焊接电流很大（几千安至几万安），故要求电源功率大。电阻焊设备较复杂，投资较大，通常只适用于大批量生产。

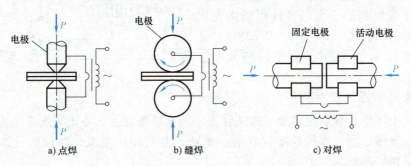

a) 点焊　　　　　　b) 缝焊　　　　　　c) 对焊

图 4-32　电阻焊的基本形式

四、钎焊

钎焊是采用比母材熔点低的金属材料做钎料，将焊件和钎料加热到高于钎料熔点、低于母材熔点的温度，利用液态钎料润湿母材，填充接头间隙，并与母材相互扩散实现连接焊件的方法。按钎料熔点不同，钎焊分为硬钎焊和软钎焊两种。

（1）硬钎焊　钎料熔点高于450℃的钎焊称为硬钎焊。硬钎焊常用的钎料有铜基钎料和银基钎料等。硬钎焊接头强度较高（>200MPa），适用于钎焊受力较大、工作温度较高的焊件。

（2）软钎焊　钎料熔点低于450℃的钎焊称为软钎焊。软钎焊常用的钎料有锡铝钎料等。软钎焊接头强度较低（<70MPa），主要用于钎焊受力不大、工作温度较低的焊件。

钎焊时，一般要用钎剂。钎剂就是钎焊时使用的熔剂。其作用是清除钎料和母材表面的氧化物，并保护焊件和液态钎料在焊接过程中免于氧化，改善液态钎料对焊件的润湿性（钎焊时液态钎料对母材浸润和附着的能力称为润湿性）。硬钎焊时，常用的钎剂有硼砂、硼砂和硼酸的混合物或QJ102等；软钎焊时，常用的钎剂有松香、氧化锌溶液或QJ203等。

按钎焊过程中加热方式不同，钎焊可分为烙铁钎焊、火焰钎焊、电阻钎焊、感应钎焊和炉中钎焊等。

钎焊和熔焊相比，加热温度低，接头的金属组织和性能变化小，焊接变形也较小，焊件尺寸容易保证。钎焊不仅可以连接同种金属，也适宜连接不同种的金属，甚至可以连接金属和非金属。钎焊可以一次焊接几条、几十条甚至更多的焊缝，如蜂窝结构、封闭结构等。但是，钎焊接头强度较低，耐热能力差，焊前准备工作要求较高。目前，钎焊主要用于电子工业、仪器仪表工业、航空航天和机电制造工业等。

五、电渣焊

利用电流通过熔渣时产生的电阻热，同时加热熔化焊丝和母材进行焊接的方法称为电渣焊，如图4-33所示。电渣焊一般都是将两焊件垂直放置，在立焊位置进行焊接。焊接时，两个被焊件接头相距25~35mm，焊丝与引弧板短路引弧，电弧将固态熔剂熔化后形成渣池，渣池具有很大的电阻，电流流过时产生大量的电阻热（温度为1700~2000℃）将焊丝和焊件熔化形成金属熔池。随着焊丝的不断送进，熔池逐渐上升。在工件待焊面两侧有冷却铜滑块，防止液态熔渣及熔池金属液外流，并加速熔池冷却凝固成焊缝。

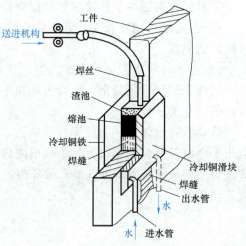

图4-33　电渣焊示意图

电渣焊渣池热量多，温度高，而且根据焊件厚度可采用单丝或多丝焊接，焊接时焊丝还可在渣池内摆动，因此对很厚的工件可一次焊成。如单丝不摆动可焊厚度为40~60mm，单丝摆动可焊厚度为60~150mm，三丝摆动焊接厚度可达400mm。电渣焊生产率高，焊接时不需要开坡口，焊接材料消耗少，成本低。电渣焊焊缝金属纯净，焊接质量较好。但电渣焊的焊接区在高温停留时间长，热影响区比其他焊接方法宽，晶粒粗大，易出现过热组织，因此焊接时焊丝、焊剂中应加入钼、钛等元素，细化焊缝组织，并且一般焊后需进行正火处理，以改善性能。

目前，电渣焊主要用于大型铸-焊、锻-焊、厚板拼接焊等大型构件的焊接及厚壁压力容器纵缝的焊接等。

六、激光焊

激光是一种亮度高、方向性强、单色性好的光束。在焊接中应用的激光器有固体及气体介质两种。固体激光器常用的激光材料是红宝石、钕玻璃或掺钕钇铝石榴石。气体激光器则使用二氧化碳。

激光焊接如图4-34所示。其基本原理是利用激光器受激产生的激光束，通过聚焦系统可聚焦到十分微小的焦点（光斑）上，其能量密度很高。当调焦到焊件接缝时，光能转化为热能，使金属熔化形成焊接接头。根据激光器的工作方式，激光焊接可分为脉冲激光点焊和连续激光焊接两种。目前脉冲激光点焊已得到广泛应用。

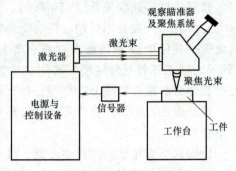

图 4-34　激光焊接示意图

激光焊接的特点：

1）激光辐射的能量释放极其迅速，点焊过程只有几毫秒，不仅生产率高，而且被焊材料不易氧化。因此可在大气中进行焊接，不需要气体保护或真空环境。

2）激光焊接的能量密度很高，热量集中，作用时间很短，所以焊接热影响区极小，焊件不变形，特别适用于热敏感材料的焊接。

3）激光束可用反光镜、偏移棱镜或光导纤维将其在任何方向上弯曲、聚焦或引导到难以接近的部位。

4）激光可对绝缘材料直接焊接，易焊接异种金属材料。

但激光焊接设备复杂，投资大，功率较小，可焊接的厚度受到一定的限制，而且操作与维护的技术要求较高。

脉冲激光点焊特别适用于焊接微型、精密、排列非常密集和热敏感材料的焊件，已广泛应用于微电子元件的焊接，如集成电路内外引线、微型继电器、电容器等的焊接。连续激光焊接可实现从薄板到 50mm 厚板的焊接，如焊接传感器、波纹管、小型电动机定子及变速箱齿轮组件等。

习题与思考题

1. 什么是焊接？焊接的用途有哪些？

2. 电焊机主要有哪几种？

3. 焊条电弧焊的焊接参数主要有哪些？应该如何选择焊接电流？

4. 简述焊条电弧焊的工作原理和工作过程。

5. 焊条电弧焊的接头与坡口有哪些形式？分别用在什么场合？

6. 氧乙炔焰有哪几种？如何区别？各自的应用特点有哪些？

7. 试比较气焊、焊条电弧焊、埋弧焊、氩弧焊及 CO_2 气体保护焊的焊接质量、生产率、焊接材料、成本及应用范围等方面的不同。

8. 为下列制品选择合适的焊接方法：自行车架、钢窗、汽车油箱、电子电路板、锅炉壳体、汽车覆盖件、铝合金板。

第三篇

冷加工技术训练

第五章

切削加工基础

切削加工是用切削刀具从毛坯上切除多余的材料，获得几何形状、尺寸和表面粗糙度等方面符合图样要求的零件的加工过程。

切削加工分为钳工和机械加工。

钳工：一般是通过工人手持工具来进行切削加工的。工作内容：划线、錾切、锯削、锉削、刮削、研磨、钻孔、铰孔、攻螺纹、套螺纹、机械装配和设备修理等。

机械加工：利用机械力对各种工件进行加工的方法。它一般是通过工人操纵机床设备来进行切削加工的。包括：车削、钻削、镗削、铣削、刨削、拉削、磨削、珩磨、超精加工和抛光等。

第一节　机械伤害及防护

机械伤害主要指机械设备运行时与人体接触引起的夹击、碰撞、剪切、卷入、绞、碾等形式的伤害。

各类转动机械的外露传动部分（如履带、齿轮等）和往复运动部分都有可能对人体造成机械伤害；棒料飞出或金属碎屑飞溅等也可能对操作者造成严重伤害。机械伤害风险涉及整个作业过程，机械伤害常常给实训人员带来痛苦，甚至终身残疾。因此，务必在以下方面做好机械事故的预防。

1）必须加强安全管理，建立健全各级安全生产责任制，实训人员必须严格执行规章制度，杜绝违章作业情况的发生。

2）正确使用个人防护用品，并严格落实有关规章制度，切实保障安全防范措施到位。

3）学生进入实训场地进行教学实践活动，特别是操作设备教学活动，必须首先要进行短期培训，让学生了解设备基本结构，了解安全操作规程，确保学生安全操作，杜绝事故发生。安全操作规程的基本内容如下：

① 首先清理好工作场地，开动设备前必须仔细检查，查看操作手柄位置是否在空档上、操作是否灵活、安全装置是否齐全可靠、各部分状态是否良好。

② 检查油池、油箱中的油量是否充足，以及油路是否畅通，并按润滑图表规定做好润滑工作；在上述工作完成后，方可起动设备运行。

③ 操作有离合器的设备，纵变速箱、进给箱及传动机构时，必须按设备说明书规定的顺序和方法进行。

④ 工件必须夹紧，以免松动甩出造成事故。

⑤ 不得敲打已夹紧的工件，以免损伤设备精度。

⑥ 发现手柄失灵或不能移至所需位置时，应先做检查，不得强力移动。

⑦ 设备的外露基准面或滑动面上不准放置工具和杂物，以免损伤和影响设备精度。

⑧ 设备运行时，操作者不得离开工作岗位，并应经常注意各部位有无异响、异味、异常发热和振动，发现故障应立即停止操作，及时排除；不能排除的故障，应通知维修人员进行排除。

第二节　切削加工的基本知识

机械产品的零件千变万化，而组成零件常见的表面有：外圆、内孔、平面、锥面、螺纹以及各种沟槽等，如图 5-1 所示。

虽然机械零件的表面形状多种多样，但按形体分析方法归纳起来大致有三种基本表面：

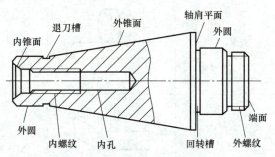

图 5-1　常见组成零件的表面形式

1）回转面（圆柱面、圆锥面、回转成形面等）。

2）平面（大平面、端面、环面等）。

3）成形表面（渐开面、螺旋面等）。

一、机械加工的切削运动

要实现切削加工，刀具和工件之间必须具有一定的相对运动，才能获得所需表面形状，这种相对运动称为切削运动。根据在切削过程中所起的作用不同，切削运动又分为主运动和进给运动。

（1）主运动　主运动是切下切屑所需的基本运动（表 5-1 中的 I）。主运动的速度最高，消耗的功率最大。主运动一般只有一个。

（2）进给运动　进给运动是多余材料不断被投入切削，从而加工出完整表面所需的运动（表 5-1 的 II），进给运动可以是一个或几个。

表 5-1　各种机床的运动形式

机床名称	运动示意图	主运动	进给运动
卧式车床		工件旋转运动	车刀纵向、横向、斜向直线移动
卧式铣床		铣刀旋转运动	工件纵向、横向、斜向直线移动

（续）

机床名称	运动示意图	主运动	进给运动
钻床		钻头旋转运动	钻头轴向移动
外圆磨床		砂轮高速旋转运动	工件转动,同时工件往复移动,砂轮横向移动
牛头刨床		刨刀往复运动	工件横向间歇移动或刨刀垂向、斜向间歇移动

二、机械加工的切削用量

切削过程中，工件上通常存在着三个不断变化的表面，即已加工表面、过渡表面和待加工表面。

已加工表面是工件上已切去切屑的表面。待加工表面是工件上即将被切去切屑的表面。过渡表面是工件上正在被切削的表面。外圆车削时的各表面如图 5-2 所示。

切削过程中，为了提高生产率，机床除了切削运动外，还需要有辅助运动，如切入运动、分度转位运动、空程运动及送夹料运动等。

切削用量是切削时各参数的合称，包括切削速度、进给量和背吃刀量三要素，它们是设计机床运动的依据。

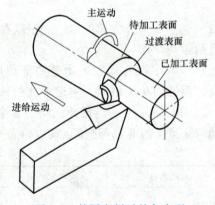

图 5-2　外圆车削时的各表面

（1）切削速度 v_c　切削刃上选定点相对于工件主运动的瞬时速度称为切削速度。主运动是旋转运动时，切削速度计算公式为

$$v_c = \frac{\pi d n}{1000} \tag{5-1}$$

式中　d——工件加工表面或刀具某一点的回转直径（mm）；

n——工件或刀具的转速（r/min）。

（2）进给量 f　在工件或刀具每回转一周时，刀具与工件之间沿进给运动方向的相对位移称为进给量。通常用 f 表示。

进给速度 v_f 是指切削刃上选定点相对工件进给运动的瞬时速度。

对于车床，进给量 f 为工件每转一转车刀沿进给方向移动的距离，单位是 mm/r。

对于铣刀、铰刀、拉刀和齿轮滚刀等多刃切削工具，在它们进行工作时，还应规定每刀齿的进给量 f_z，即后一个刀齿相对于前一个刀齿的进给量，单位是 mm/z。

显然
$$v_f = fn = f_z zn \quad (\text{mm/s 或 mm/min}) \tag{5-2}$$

（3）背吃刀量 a_p　背吃刀量是在通过切削刃基点并垂直于工件平面方向上测量的吃刀量，单位为 mm，也就是工件待加工表面与已加工表面之间的垂直距离。

第三节　加工精度

加工精度是指零件经切削加工后，其尺寸、形状、位置等参数同理论参数相符合的程度，偏差越小，加工精度越高。加工完成后的零件，按照图样的公差要求，进行相应的尺寸精度、形状精度、位置精度和表面质量的检测。

一、尺寸精度

以图 5-3 中标注的 $\phi 56^{-0.03}_{-0.06}$ mm 尺寸为例。

该处轴的实际测量尺寸的范围：$d_{min} = 56\text{mm} - 0.06\text{mm} < d_a < d_{max} = 56\text{mm} - 0.03\text{mm}$。当实际测量的尺寸为 55.94mm～55.97mm 时，此处的尺寸精度合格。

二、几何精度

加工后的零件不仅有尺寸误差，而且构成零件几何特征的点、线、面的实际形状或相互位置，与理想几何体规定的形状和相互位置还不可避免地存在差异，这种形状上的差异就是形状误差，而相互位置的差异就是位置误差，统称为几何误差，如图 5-4 所示。几何公差的类型见表 5-2。

（1）形状精度　零件形状与理想形状的接近程度。

（2）位置精度　零件上实际要素（点、线、面）相对于基准之间位置的准确度。

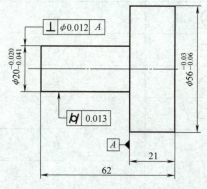

图 5-3　阶梯轴零件图

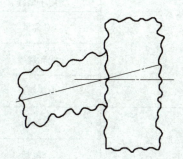

图 5-4　阶梯轴的几何误差

三、表面质量

经机械加工后的零件表面，由于刀具或砂轮切削后遗留的刀痕、切削过程中切屑分离时产生的塑性变形以及机床的振动等原因，会使被加工零件的表面存在一定的几何形状误差，其中造成零件表面的凹凸不平，形成微观几何形状误差的较小间距（通常波距小于1mm）的峰谷，称为表面粗糙度。它是一种微观几何形状误差，也称为微观不平度。描述表面粗糙度常用的参数是轮廓算术平均偏差 Ra（在取样长度内，被测表面轮廓上各点至基准线的距离的算术平均值。）Ra 值越大，表面越粗糙，Ra 值能客观地反映表面微观几何形状特性。

表 5-2 几何公差的类型（摘自 GB/T 1182—2008）

公差类型	几何特征	符号	有无基准
形状公差	直线度	—	无
	平面度	▱	无
	圆度	○	无
	圆柱度	⌭	无
	线轮廓度	⌒	无
	面轮廓度	⌓	无
方向公差	平行度	//	有
	垂直度	⊥	有
	倾斜度	∠	有
	线轮廓度	⌒	有
	面轮廓度	⌓	有
位置公差	位置度	⊕	有或无
	同心度（用于中心点）	◎	有
	同轴度（用于轴线）	◎	有
	对称度	=	有
	线轮廓度	⌒	有
	面轮廓度	⌓	有
跳动公差	圆跳动	↗	有
	全跳动	⌰	有

习题与思考题

1. 零件的几何要素有哪些？

2. 形状公差有哪些项目？其符号是什么？

3. 切削运动分为几类？

第六章

车 工

第一节 概 述

一、车工的特点

车削加工就是在车床上用车刀从金属材料（毛坯）上切去多余的部分，使获得的零件具有符合要求的几何形状、尺寸精度及表面粗糙度的加工过程。

车床主要用于加工各种回转表面，如内外圆柱表面、内外圆锥表面、成形回转面和回转体端面等，有些车床还能加工螺纹面。卧式车床所能加工的典型零件如图 6-1 所示。由于大多数机器零件都具有回转表面，车床的通用性又较广，因此车床的应用极为广泛，在金属切削机床中所占的比例最大，占机床总数的 20%～35%。

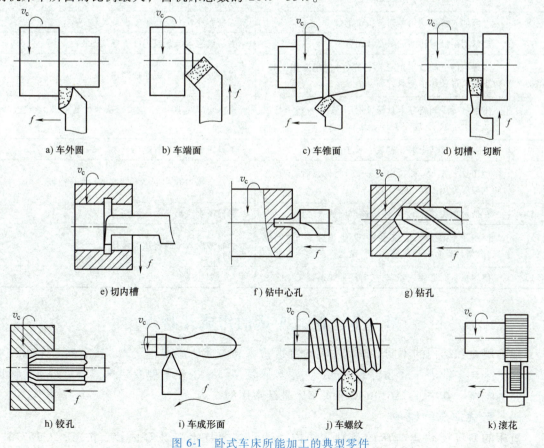

a) 车外圆   b) 车端面   c) 车锥面   d) 切槽、切断

e) 切内槽   f) 钻中心孔   g) 钻孔

h) 铰孔   i) 车成形面   j) 车螺纹   k) 滚花

图 6-1 卧式车床所能加工的典型零件

车削加工具有以下的特点：

1）车削加工应用广泛，能很好适应工件材料、结构、精度、表面粗糙度及生产批量的变化。可车削各种钢材、铸件等金属，又可车削玻璃钢、尼龙、胶木等非金属。对不易进行磨削的有色金属工件的精加工，也可采用金刚石车刀进行精细车削。

2）车削采用的车刀一般为单刃刀，其结构简单、制造容易、刃磨方便、安装方便。同时，可根据具体加工条件选用刀具材料和刃磨合理的刀具角度。这对保证加工质量、提高生产率、降低生产成本具有重大意义。

3）车削加工尺寸公差等级范围一般在 IT12 ~ IT7 之间，表面粗糙度值 Ra 为 12.5 ~ 0.8μm，适于工件的粗加工、半精加工和精加工。

二、车工的安全操作规程

在实训过程中，必须严格遵守车工的安全操作规程（见表 6-1），杜绝安全事故的发生。

表 6-1 车工的安全操作规程

序号	安 全 措 施	违反控制措施可能导致的事故
1	穿戴齐全合格的劳保服，系好劳保服的袖口和衣扣。不得穿短袖上衣、穿短裤和拖鞋等	铁屑烫伤、扎伤或割伤身体。衣服卷入旋转机床内，导致手等身体部位绞入机床造成人身伤害
2	过颈长发盘在工作帽内	头发卷在工件上导致头部伤害
3	操作旋转机床时严禁戴手套	手套随工件卷入导致手绞伤
4	操作旋转机床时戴好防护眼镜	铁屑飞出扎伤眼睛
5	严禁他人擅自用本岗位负责的设备	误操作导致人身伤害或设备事故
6	严禁用手触摸转动的卡盘或工件	手易被卷入卡盘或工件上导致伤害
7	清理工件上的铁屑时必须停车，并使用专用工具，防止铁屑过长缠绕与盘旋	铁屑缠绕导致手烫伤或割伤
8	用卡盘扳手调整好卡盘松紧度后，要及时将卡盘扳手从卡盘上取下，放在工具架上	机床瞬间起动时，卡盘扳手从卡盘上飞出，导致人身伤害
9	主轴箱及导轨上禁止摆放工具工件	工具工件滑落掉落砸伤
10	加工细长工件（长径比大于25）时，必须使用顶尖和支架等专用工装、工具	工件摆幅太大，卡不牢飞出，导致人身伤害
11	在使用顶尖工作时，尾座应该牢固锁紧	工件不牢飞出导致人身伤害
12	使用砂布抛光时，应该使用半圆锉垫着砂布进行抛光，严禁将砂布缠绕在手上进行抛光作业	手易被卷入导致挤压和碾伤
13	使用量具时必须先停车，然后把刀架退到安全位置	车刀划伤手臂

第二节　卧式车床的组成及特点

根据用途和结构的不同，车床主要分为卧式车床、落地车床、立式车床、转塔车床、单轴自动车床、多轴半自动和自动车床、仿形车床及多刀车床和各种专门化车床，如凸轮轴床、曲轴车床。其中，CA6140 型卧式车床是最常用的车床。

一、卧式车床的型号

机床的型号反映出机床的类别、结构特性和主要技术参数等内容。按 GB/T 15375—

2008 规定，CA6140 型号的含义如下：

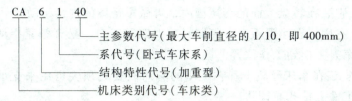

CA 6 1 40
主参数代号（最大车削直径的 1/10，即 400mm）
系代号（卧式车床系）
结构特性代号（加重型）
机床类别代号（车床类）

二、卧式车床的组成

CA6140 型卧式车床主要由<u>主轴箱</u>、<u>进给箱</u>、<u>溜板箱</u>、<u>交换齿轮</u>、<u>床身</u>、<u>刀架</u>和<u>尾座</u>等部件组成，如图 6-2 所示。

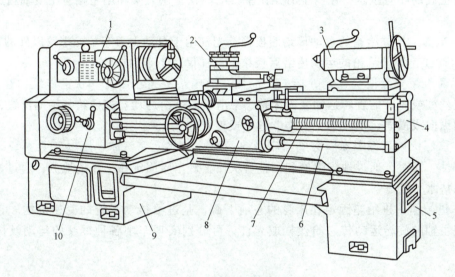

图 6-2　卧式车床的组成

1—主轴箱　2—刀架　3—尾座　4—床身　5、9—床腿　6—光杠　7—丝杠

8—溜板箱　10—进给箱

（1）<u>主轴箱</u>　主轴箱固定在床身的左上部，箱内装主轴和主轴变速机构。电动机的运动经过带传动给主轴箱，通过变速机构使主轴得到不同的转速。主轴又通过传动齿轮带动交换齿轮旋转，将运动传给进给箱。

（2）<u>刀架部件</u>　由两层滑板（中、小滑板）、床鞍与刀架体共同组成。用于安装车刀并带动车刀做纵向、横向或斜向运动。刀架是多层结构，由下列各项组成（见图 6-3）。

1）<u>床鞍</u>。它与溜板箱牢固相连，可沿床身导轨做纵向移动。

2）<u>中滑板</u>。它装在床鞍顶面的横向导轨上，可做横向移动。

3）<u>转盘</u>。它固定在中滑板上，松开紧固螺母后，可转动转盘，使它和床

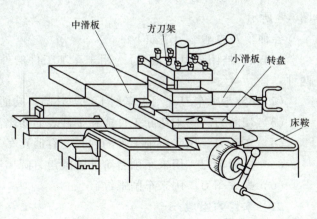

图 6-3　车床刀架

身导轨成一个所需要的角度，而后再拧紧螺母，以加工圆锥面等。

4）小滑板。它装在转盘上面的燕尾槽内，可做短距离的进给移动。

5）方刀架。它固定在小滑板上，可同时装夹四把车刀。松开锁紧手柄，即可转动方刀架，把所需要的车刀更换到工作位置上。

（3）尾座　安装在车床导轨上。在尾座的套筒内安装顶尖可用来支承工件，也可安装钻头、铰刀，在工件上钻孔或铰孔。

（4）床身　车床的基础零件，用来支承和安装车床的各部件，以保证其相对位置，如主轴箱、进给箱和溜板箱等。床身具有足够的刚度和强度，床身表面精度很高，以保证各部件之间有正确的相对位置。床身上有四条平行的导轨，供刀架和尾座相对于主轴箱进行正确的移动。

（5）光杠　将进给箱的运动传给溜板箱，光杠用于自动走刀车削除螺纹以外的表面。

（6）丝杠　将进给箱的运动传给溜板箱，丝杠仅用于车削螺纹。

（7）溜板箱　溜板箱固定在床鞍的前侧，随床鞍一起在床身导轨上做纵向往复运动。通过它把丝杠或光杠的旋转运动变为床鞍、中滑板的进给运动。变换箱外手柄位置，可以控制车刀的纵向或横向运动（运动方向、起动或停止）。

（8）床腿　前后两个床脚分别与床身前后两端下部连为一体，用以支承安装在床身上的各个部件。同时，通过地脚螺栓和调整垫块使整台车床固定在工作场地上，通过调整，能使床身保持水平状态。

（9）进给箱　进给箱固定在床身的左前下侧，是进给传动系统的变速机构。它通过交换齿轮把主轴的旋转运动传递给丝杠或光杠，可分别实现车削各种螺纹的运动及机动进给运动。

第三节　车　　刀

金属切削刀具的种类虽然很多，但它们切削部分的几何形状与参数却有着共性的内容。不论刀具构造如何复杂，它们的切削部分总是近似地以外圆车刀切削部分为基本形态。

一、车刀的分类

车刀可以按结构、用途、材料等标准进行分类，下面主要介绍按车刀的用途分类。

车刀按用途可分为外圆车刀、端面车刀、切断刀、成形车刀、螺纹车刀和车孔刀等，如图 6-4 所示。

各种车刀的基本用途如下：

（1）90°外圆车刀（偏刀）　用来车削工件的外圆、台阶和端面，分为左偏刀和右偏刀两种。

（2）45°弯头车刀　用来车削工件的外圆、端面和倒角。

（3）切断刀　用来切断工件或在工件表面切出沟槽。

（4）车孔刀　用来车削工件的内孔，有通孔车刀和不通孔车刀。

（5）成形车刀　用来车削台阶处的圆角、圆槽或车削特殊形面工件。

（6）螺纹车刀　用来车削螺纹。

二、车刀的组成

车刀是由刀头（切削部分）和刀体（夹持部分）所组成的，刀头用于切削，刀体用于

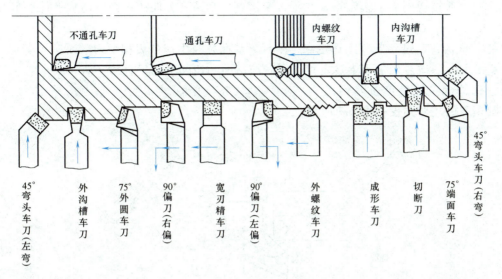

图 6-4　车刀按用途分类

安装。其刀头是由前刀面、主后刀面、副后刀面、主切削刃、副切削刃和刀尖所组成的。

刀具切削部分的结构要素如图 6-5 所示，其定义如下：

（1）前刀面　切屑流过的表面，一般指车刀的上面。

（2）主后刀面　与工件上过渡表面相对的表面。

（3）副后刀面　与工件上已加工表面相对的表面。

（4）主切削刃　前刀面与主后刀面的交线，它承担主要的切削工作。

（5）副切削刃　前刀面与副后刀面的交线，它协同主切削刃完成切削工作。

（6）刀尖　主切削刃和副切削刃的汇交处相当少的一部分切削刃。

三、确定刀具角度的参考平面

为了确定刀面及切削刃的空间位置和刀具几何角度的大小，必须建立适当的参考系（坐标平面）。选定切削刃上某一点而假定的几个平面称为辅助平面，如图 6-6 所示。

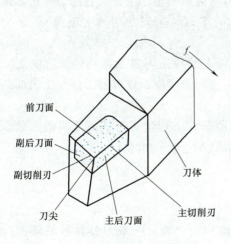

图 6-5　刀具切削部分的结构要素

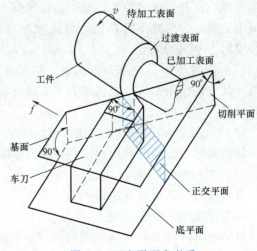

图 6-6　正交平面参考系

基面 p_r：通过切削刃上选定点，并垂直于该点切削速度方向的平面。通常平行于车刀的安装面。

切削平面 p_s：通过切削刃上选定点，垂直于基面并与主切削刃相切的平面。

正交平面 p_o：通过切削刃上选定点，同时与基面和切削平面垂直的平面。

四、车刀的主要角度及其作用

外圆车刀的主要角度如图 6-7 所示。

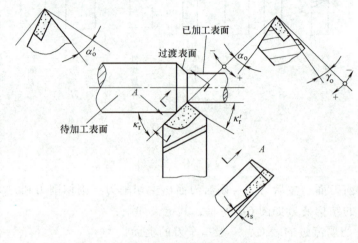

图 6-7　外圆车刀的主要角度

（1）前角 γ_o　在过主切削刃选定点的正交平面内测量，前刀面与基面之间的夹角。其作用是使切削刃锋利，便于切削。但前角过大会削弱切削刃强度。一般取 $\gamma_o = -5° \sim 25°$，加工塑性材料时选较大值，加工脆性材料时选较小值。

（2）后角 α_o　在过主切削刃选定点的正交平面内测量，包含主切削刃的切削平面与主后刀面之间的夹角。其作用是减小车削时主后刀面与工件过渡表面之间的摩擦。一般取 $\alpha_o = 3° \sim 12°$，粗加工时选取较小值，精加工时选取较大值。

（3）主偏角 κ_r　在基面内测量，主切削刃在基面上的投影与进给运动方向之间的夹角。主偏角减小，刀尖强度增加，切削条件得到改善。但主偏角减小，工件的背向力增加。所以车削细长轴时，为减小背向力，常用 $\kappa_r = 75°$ 或 90° 的车刀。车刀常用的主偏角 κ_r 有 45°、60°、75°、90° 等几种。

（4）副偏角 κ_r'　在基面内测量，副切削刃在基面上的投影与进给运动的反方向之间的夹角。其主要作用是减小副切削刃与工件已加工表面之间的摩擦，以改善工件加工表面的表面粗糙度。

（5）刃倾角 λ_s　在包含主切削刃的正交平面内测量，主切削刃与基面之间的夹角。其作用是控制屑片流动的方向和改变刀尖的强度。一般取 $\lambda_s = 5° \sim 15°$。

五、常用的车刀材料

刀具材料应具备的性能如下：

1. 高硬度和好的耐磨性

刀具材料的硬度必须高于被加工材料的硬度才能切下金属。一般刀具材料的硬度应在 60HRC 以上。刀具材料越硬，其耐磨性就越好。

2. 足够的强度与冲击韧度

强度是指在切削力的作用下，不发生刀刃崩碎与刀杆折断所具备的性能。冲击韧度是指刀具材料在有冲击或间断切削的工作条件下，保证不崩刃的能力。

3. 高的耐热性

耐热性又称为热硬性，是衡量刀具材料性能的主要指标，它综合反映了刀具材料在高温下仍能保持高硬度、耐磨性、强度、抗氧化、抗黏结和抗扩散的能力。

目前常用的刀具材料有碳素工具钢、合金工具钢、高速工具钢、硬质合金、人造聚晶金刚石及立方氮化硼等，高速工具钢和硬质合金是两类应用广泛的车刀材料。常用的车刀材料和性能见表 6-2。

高速工具钢又称为锋钢，是以钨、铬、钒、钼为主要合金元素的高合金工具钢。高速工具钢淬火后的硬度为 63~67HRC，其热硬温度为 550~600℃，允许的切削速度为 25~30m/min。

硬质合金是用高耐磨性和高耐热性的 WC（碳化钨）、TiC（碳化钛）和 Co（钴）的粉末经高压成形后再进行高温烧结而制成的，其中 Co 起黏结作用。

表 6-2　常用的车刀材料和性能

车刀材料	牌号	性　能	用　途
高速工具钢	W18Cr4V	有较好的综合性能和可磨削性能	制造各种复杂刀具和精加工刀具,应用广泛
	W6Mo5Cr4V	有较好的综合性能,热塑性较好	用于制造热轧刀具,如扭槽麻花钻等
硬质合金	YG3	抗弯强度和韧性较好,适于加工铸铁、有色金属等脆性材料或冲击力较大的场合	用于精加工
	YG6		介于粗、精加工之间
	YG8		用于粗加工
	YT5	耐磨性和抗粘附性较好,能承受较高的切削温度,适于加工钢或其他韧性较大的塑性金属	用于粗加工
	YT15		介于粗、精加工之间
	YT30		用于精加工

第四节　工件安装及所使用附件

为了满足各种车削工艺的需要，车床上常配备各种附件。车床常用附件有自定心卡盘、单动卡盘、花盘、顶尖、心轴、中心架和跟刀架等。

1. 自定心卡盘

自定心卡盘（见图 6-8）是车床上最常用的附件，用锥齿轮传动，当用卡盘扳手转动小锥齿轮时，大锥齿轮也随之转动，在大锥齿轮背面平面螺纹的作用下，使三个卡爪同时向心移动或退出，以夹紧或松开工件。它的特点是对中性好，自动定心精度可达到 0.05~0.15 mm。其重复定位精度高、夹持范围大、夹紧力大、调整方便，应用比较广泛。适宜于夹持圆形、正三角形或正六边形等工件。

2. 单动卡盘

单动卡盘的外形如图 6-9 所示。它的四个卡爪通过四个螺杆独立移动。它的特点是能装夹形状比较复杂的非回转体，如方形、长方形等，而且夹紧力大。由于其装夹后不能自动定心，所以装夹效率较低，装夹时必须用划针盘或百分表找正，使工件回转中心与车床主轴中心对齐。

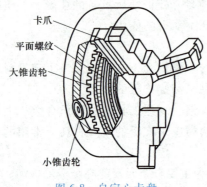

图 6-8 自定心卡盘

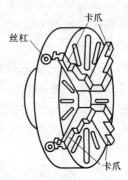

图 6-9 单动卡盘

3. 顶尖、拨盘和鸡心夹头

顶尖有前顶尖和后顶尖之分。顶尖的头部带有60°锥形尖端，顶尖的作用是定位、支承工件并承受切削力。

（1）前顶尖　前顶尖插在主轴锥孔内与主轴一起旋转，如图 6-10a 所示，前顶尖随工件一起转动。为了加工的准确和方便，有时也可以将一段钢料直接夹在自定心卡盘上车出锥角来代替前顶尖，如图 6-10b 所示，但该顶尖从卡盘上卸下来后，再次使用时必须将锥面重车一刀，以保证顶尖锥面的轴线与车床主轴旋转轴线重合。

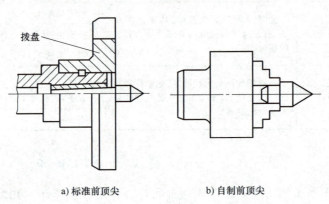

a) 标准前顶尖　　　　b) 自制前顶尖

图 6-10 前顶尖

（2）后顶尖　后顶尖插在车床尾座套筒内使用，分为固定顶尖和回转顶尖两种。常用的固定顶尖有普通顶尖、镶硬质合金顶尖和反顶尖等，如图 6-11 所示。固定顶尖的定心精度高，刚性好，缺点是工件和顶尖发生滑动摩擦，发热较大，过热时会把中心孔或顶尖"烧"坏，所以常用镶硬质合金的顶尖对工件中心孔进行研磨，以减小摩擦。固定顶尖一般用于低速加工精度要求较高的工件。支承细小工件时可用反顶尖。

回转顶尖如图 6-12 所示，内部装有滚动轴承。回转顶尖把顶尖与工件中心孔的滑动摩擦变成顶尖内部轴承的滚动摩擦，因此其转动灵活。由于顶尖与工件一起转动，避免了顶尖和工件中心孔的磨损，能承受较高转速下的加工，但支承刚性较差，且存在一定的装配累积误差，且当滚动轴承磨损后，会使顶尖产生径向摆动。所以，回转顶尖适宜于加工工件精度要求不太高的场合。

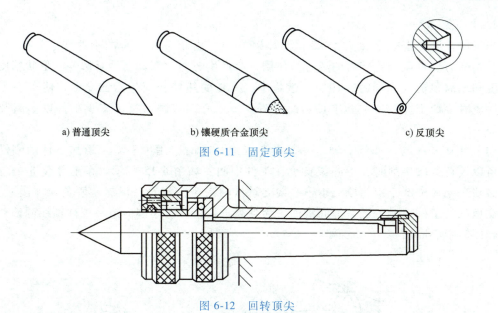

a) 普通顶尖   b) 镶硬质合金顶尖   c) 反顶尖

图 6-11 固定顶尖

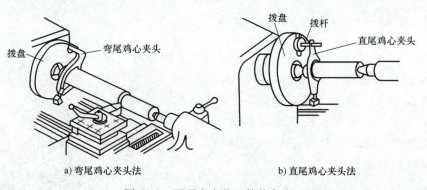

图 6-12 回转顶尖

1）**两顶尖安装工件的方法**。两顶尖安装工件的方法如图 6-13 所示，工件支承在前后两顶尖之间，工件的一端用鸡心夹头夹紧，由安装在主轴上的拨盘带动旋转。该方法定位精度高，能保证轴类零件的同轴度。

a) 弯尾鸡心夹头法   b) 直尾鸡心夹头法

图 6-13 两顶尖安装工件的方法

2）**用一夹一顶方法安装工件**。在车削较重、较长的轴类零件时，可采用一端夹持，另一端用后顶尖顶住的方法安装工件，这样会使工件更为稳固，从而能选用较大的切削用量进行加工。为了防止工件因切削力作用而产生轴向窜动，必须在卡盘内装一限位支承，或用工件的台阶做限位，如图 6-14 所示。此装夹方法比较安全，能承受较大的轴向切削力，故应用很广泛。

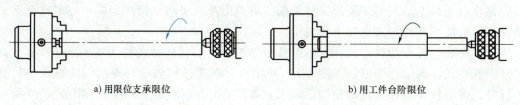

a) 用限位支承限位   b) 用工件台阶限位

图 6-14 一夹一顶安装工件

4. 中心架和跟刀架

当工件长度与直径之比大于 25（$L/d > 25$）时，由于工件本身的刚性变差，在车削时，工件受切削力、自重和旋转时的离心力作用，会产生弯曲、振动，严重影响其形状精度、尺寸精度和表面粗糙度，同时，在切削过程中，工件受热伸长产生弯曲变形，使车削很难进行，严重时会使工件在顶尖间卡住。此时需要用中心架或跟刀架来支承工件以提高装夹的刚性。

（1）用中心架支承车细长轴　一般在车削细长轴时，用中心架来增加工件的刚性，当工件可以进行分段切削时，中心架支承在工件中间，如图 6-15 所示。在工件装上中心架之前，必须在毛坯中部车出一段支承中心架支承爪的沟槽，其表面粗糙度值及圆柱误差要小，并在支承爪与工件接触处经常加润滑油。为提高工件精度，车削前应将工件轴线调整到与机床主轴回转中心同轴。

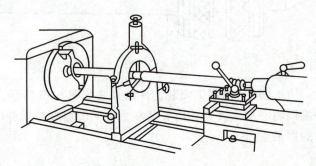

图 6-15　中心架支承工件

（2）用跟刀架支承车细长轴　对不适宜调头车削的细长轴，不能用中心架支承，而要用跟刀架支承进行车削，以增加工件的刚性，如图 6-16 所示。跟刀架固定在床鞍上，一般有两个支承爪，它可以跟随车刀移动，抵消径向切削力，提高车削细长轴的形状精度和减小表面粗糙度值。

5. 花盘

花盘装在主轴前端，它的盘面上有几条长短不同的通槽和 T 形槽，以便用螺栓、压板等将工件压紧在它的工作面上。它多用于安装形状比较特别的，而自定心卡盘和单动

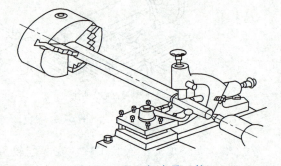

图 6-16　跟刀架支承工件

卡盘无法装夹的工件，如对开轴承座、十字孔工件、双孔连杆、环首螺钉和齿轮油泵体等。在安装时，根据预先在工件上划好的基准线来进行找正，再将工件压紧。对于不规则的工件，应在花盘上装上适当的平衡块保持平衡，以免因花盘重心与机床回转中心不重合而影响工件的加工精度，甚至导致意外事故发生。

用花盘安装工件有两种形式：①若工件被加工表面的回转轴线与其基准面垂直时，直接将工件安装在花盘的工作面上，如图 6-17a 所示；②若工件被加工表面的回转轴线与其基准面平行时，将工件安装在花盘的角铁上加工，如图 6-17b 所示，工件在花盘上的定位要用划针盘等找正。

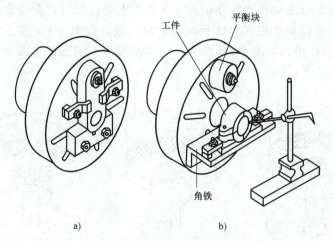

工件　平衡块

角铁

a)　　　　　　　　　　b)

图 6-17　花盘安装工件

第五节　车床的操作

车床的调整包括主轴转速和车刀的进给量。

一、主轴转速的调整

主轴的转速是根据切削速度计算选取的。而切削速度的选择则和工件材料、刀具材料以及工件加工精度有关。

根据选定的切削速度计算出车床主轴的转速，再对照车床主轴转速铭牌，选取车床上最近似计算值而偏小的一档，扳动手柄即可。但特别要注意的是，必须在停车状态下扳动手柄。

例如，用硬质合金车刀加工直径 $D = 200\text{mm}$ 的铸铁带轮，选取的切削速度 $v_c = 0.9\text{m/s}$，计算主轴的转速为

$$n = 1000 \times 60 \times v_c / (\pi \times D) = 1000 \times 60 \times 0.9\text{r/min} / (3.14 \times 200) = 85.99\text{r/min} \qquad (6-1)$$

从主轴转速铭牌中选取偏小一档的近似值为 76r/min，即短手柄扳向左方，长手柄扳向右方，主轴箱手柄放在低速档位置 I。

二、进给量的确定

进给量是根据工件加工要求确定的。粗车时，一般取 0.2~0.3mm/r；精车时，随所需要的表面粗糙度而定。例如：表面粗糙度为 $Ra3.2\mu\text{m}$ 时，选用 0.1~0.2mm/r；为 $Ra1.6\mu\text{m}$ 时，选用 0.06~0.12mm/r，等。

进给量的调整可对照车床进给量表扳动手柄位置，具体方法与调整主轴转速相似。

三、背吃刀量的调整

车削工件时，为了正确迅速地控制背吃刀量，可以利用中滑板上的刻度盘。中滑板刻度盘安装在中滑板丝杠上。当摇动中滑板手柄带动刻度盘转一周时，中滑板丝杠也转了一周。这时，固定在中滑板上与丝杠配合的螺母沿丝杠轴线方向移动了一个螺距。因此，安装在中滑板上的刀架也移动了一个螺距。如果中滑板丝杠的螺距为 4mm，当手柄转一周时，刀架就横向移动 4mm。若刻度盘圆周上等分 200 格，则当刻度盘转过一格时，刀架就移动了 0.02mm。使用中滑板刻度盘控制背吃刀量时应注意以下事项：

1）由于丝杠和螺母之间有间隙存在，因此会产生空行程（即刻度盘转动，而刀架并未移动）。使用时必须慢慢地把刻度盘转到所需要的位置，如图6-18a所示。若不慎多转过几格，不能简单地退回几格，如图6-18b所示，必须向相反方向退回全部空行程，再转到所需位置，如图6-18c所示。

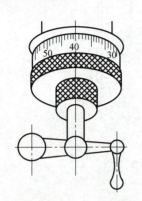  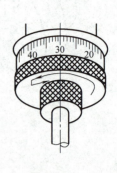

a) 要求手柄转至30，但转过头成40　　　b) 错误：直接退至30　　　c) 正确：反转约一周再转至要求的30

图6-18　手柄摇过头后的纠正

2）由于工件是旋转的，使用中滑板刻度盘时，车刀横向进给后的切除量刚好是背吃刀量的两倍，因此要注意，当工件外圆余量测得后，中滑板刻度盘控制的背吃刀量是外圆余量的1/2，而小滑板的刻度值，则直接表示工件长度方向的切除量。

四、粗车和精车

1. 粗车

粗车的目的是尽快地切去多余的金属层，使工件接近于最后的形状和尺寸。粗车时选择切削用量的总体原则为：一般以提高生产率为主，并考虑经济性和加工成本及对刀具寿命的影响。合理选择粗车切削用量的方法是：首先选择一个尽量大的背吃刀量，再选择一个较大的进给量，然后根据选定的背吃刀量和进给量在机床功率和刀具寿命许可的条件下选择合理的切削速度。

2. 半精车、精车

半精车、精车是切去余下少量的金属层，以获得零件所要求的精度和表面粗糙度。半精车、精车时选择切削用量的总体原则为：应以保证加工质量为主，同时考虑生产率和车刀使用寿命。合理选择半精车、精车切削用量的方法是：一般情况下背吃刀量都是一次切除粗车留下的余量；为保证加工工件表面质量，进给量应选择小些；根据刀具材料的不同选择不同的切削速度，考虑切削速度时为避开积屑瘤容易产生的中等切削速度，用硬质合金车刀时选择较高切削速度（>80m/min）；用高速工具钢车刀时选用较低切削速度（<5m/min）。

3. 试切

半精车和精车时，为了准确地确定背吃刀量 a_p，保证工件的尺寸精度，只靠刻度盘来进刀是不可行的。因为刻度盘和丝杠都有误差，往往不能满足半精车和精车的要求，这就需要采用试切的方法。试切法的步骤如图6-19所示。

试切法的步骤如下：

1）开车对刀，使车刀和工件表面轻微接触。

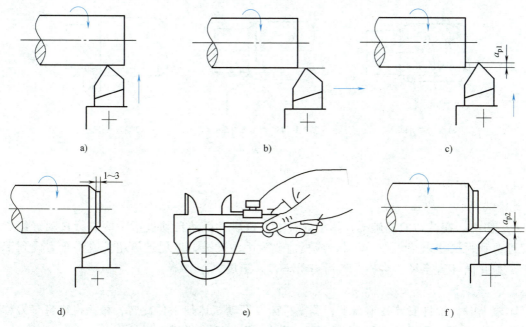

图 6-19　试切法的步骤

2）向右退出车刀。

3）按要求横向进给 a_{p1}。

4）试切 1~3mm。

5）向右退出，停车，测量。

6）调整背吃刀量至 a_{p2} 后，自动进给车外圆。

图 6-19a~f 是试切的一个循环。如果尺寸合格了，就按该背吃刀量 a_p 将整个表面加工完毕。如果尺寸还大，就要按图 6-19 重新进行试切，直到尺寸合格后才能继续车削下去。

第六节　车 削 加 工

车削加工的范围很广，归纳起来，其加工的各类零件具有一个共同的特点——带有旋转表面。它可以车外圆、车端面、切槽或切断、钻中心孔、钻孔、扩孔、铰孔、车内孔、车螺纹、车圆锥面、车特形面、滚花、车台阶和盘绕弹簧等。

如果在车床上装上其他附件和夹具，还可进行镗削、磨削、珩磨、抛光以及加工各种复杂形状零件的外圆、内孔等。

一、车外圆

车外圆是车削加工中最基本的操作。车外圆可用图 6-20 所示的各种车刀。直头车刀（尖刀）的形状简单，主要用于粗车外圆；弯头车刀不但可以车外圆，还可以车端面；加工台阶轴和细长轴则常用偏刀。

一般车削的步骤如下：

1）根据图样要求检验毛坯是否合格，表面是否有缺陷。

2）检查车床是否运转正常，操纵手柄是否灵活。

3）装夹工件并找正。

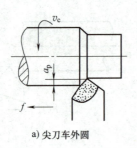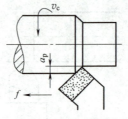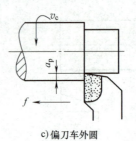

a) 尖刀车外圆　　　　　　b) 45°弯头车刀车外圆　　　　　c)偏刀车外圆

图 6-20　车外圆

4）安装车刀。

5）试切。

6）切削。在试切的基础上，调整好背吃刀量后，扳动自动进给手柄进行自动进给。当车刀进给到距尺寸末端 3~5mm 时，应提前改为手动进给，以免进给超长或将车刀碰到卡盘爪上。如此循环直至尺寸合格，然后退出车刀，最后停车。

二、车端面

车端面时，工件安装在卡盘上，调整机床，开动机床使工件旋转，移动拖板将车刀移至工件附近，移动小滑板，控制背吃刀量，摇动中滑板手柄做横向进给。

（1）用右偏刀（90°主偏角）车削端面　右偏刀适于车削带有台阶和端面的工件，如一般的轴和直径较小的端面。通常情况下，偏刀由外向中心进给车端面，由副切削刃进行切削，如果背吃刀量较大，则向里的切削力会使车刀扎入工件，形成凹面，如图 6-21a 所示。当然也可反向切削，从中心向外进给，利用主切削刃进行切削，这样不易产生凹面，如图 6-21b 所示。切削余量较大时，可用图 6-22 所示的端面车刀车端面。

在精车端面时，一般用偏刀由外向中心走刀（背吃刀量要很小），因为这时切屑是流向待加工表面的，故加工出来的表面较光滑。

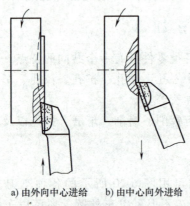

a) 由外向中心进给　　b) 由中心向外进给

图 6-21　右偏刀车端面

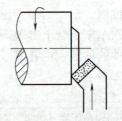

图 6-22　端面车刀车端面

（2）用 45°车刀车削端面　45°车刀利用主切削刃进行切削，如图 6-23 所示，故切削顺利，工件表面粗糙度值较小，而且 45°车刀的刀尖角等于 90°，刀头强度比偏刀高，适于车削较大的平面，并能倒角和车外圆。

（3）用左车刀（主偏角为 60°~75°）车削端面　左车刀利用主切削刃进行切削，如图

6-24 所示,所以切削顺利;同时左车刀的刀尖角大于 90°,刀头强度最好,车刀寿命高,适于车削铸锻件的大平面。

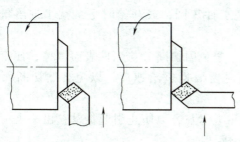

图 6-23　45°车刀车端面

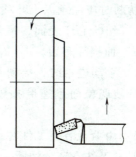

图 6-24　左车刀车端面

三、切槽和切断

在车削加工中,当工件的毛坯是棒料且很长时,需根据零件长度进行切断后再加工,避免空走刀;或是车削完后把工件从原材料上切下来,这称为切断。

沟槽是在工件的外圆、内孔或端面上切有各种形式的槽,沟槽的作用一般是为了退刀和装配时保证零件有一个正确的轴向位置。

1. 切槽

切槽刀的形状和安装如图 6-25 所示。切槽刀前刀面的切削刃是主切削刃,两侧切削刃是副切削刃。切槽刀安装后刀尖应与工件轴线等高,主切削刃平行于工件轴线,两副偏角相等,主偏角为 90°。

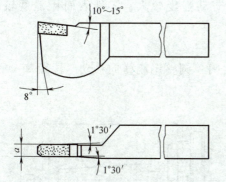

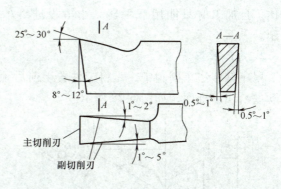

图 6-25　切槽刀的形状和安装

切削宽度不大的外沟槽,可以用主切削刃宽度等于槽宽的车刀一次横向进给车出。较宽的沟槽,用切槽刀分几次进给,先把槽的大部分余量切除,在槽的两侧和底部留出精车余量,如图 6-26 所示,最后一次横向进给粗车后,根据槽的尺寸精度一次进给完成精车。

2. 切断

切断刀形状与切槽刀相似,但刀头窄长,厚度大,且主切削刃两边要磨出斜刃以利于排屑。刀具安装时,主切削刃必须对准工件

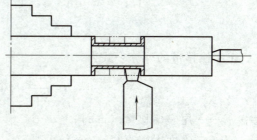

图 6-26　车宽外沟槽的方法

的旋转中心，过高、过低均会使工件中心部位形成凸台并损坏刀头。切削时，刀具径向进给直至工件中心。

切断时应注意以下几项：

1）切断毛坯表面，最好用外圆车刀先把工件车圆，或开始时尽量减小进给量，防止"扎刀"而损坏车刀。

2）手动进给时，摇动手柄应连续、均匀，避免因切断刀与工件表面摩擦，使工件表面产生冷硬现象而迅速磨损刀具，在即将切断时要放慢进给速度，以免突然切断而使刀头折断。

3）用卡盘装夹工件时，切断位置尽可能靠近卡盘，以防止引起振动；由一夹一顶装夹工件时，工件不完全切断，应取下工件后再敲断。

4）切断过程中如需要停车，应先退刀再停。

四、圆锥面的加工

车圆锥面主要有下列四种方法：小滑板转位法、尾座偏移法、靠模法和宽刃刀法。车锥体时，必须特别注意车刀刀尖要严格对准工件的中心，否则，车出的圆锥母线不是直线，而是双曲线。

1. 小滑板转位法

转动小滑板车削圆锥，是将小滑板按零件的要求转动一定的角度（小滑板转动的角度应为圆锥母线与车床主轴轴线的夹角），使车刀的运动轨迹与所要车削的圆锥母线平行，然后紧固其转盘，再摇动进给手柄进行切削，如图6-27所示。小滑板转位法车削圆锥操作简单，适用范围广，可车削各种角度的内外圆锥。但受小滑板的行程限制，只可车削较短的圆锥体。且加工时只能用双手转动小滑板进给车削，劳动强度较大，零件表面粗糙度较难控制。

2. 尾座偏移法

尾座偏移法车削圆锥，是将工件置于前后顶尖之间，调整尾座横向移动一段距离 s 后，自动进给切出锥面，如图6-28所示。

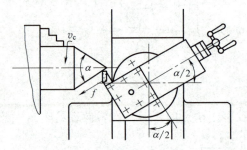
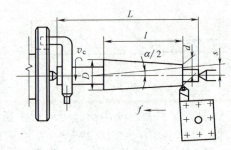

图6-27　小滑板转位法车圆锥　　　　图6-28　尾座偏移法车圆锥

尾座偏移量的计算公式为

$$s = \frac{D-d}{2L} \quad \left(其中\ L = l\tan\frac{\alpha}{2} \right) \tag{6-2}$$

式中　　s——尾座偏移量（mm）；

D——锥面大端直径（mm）；

d——锥面小端直径（mm）；

l——锥面长度（mm）；

L——两顶尖之间的距离（mm）；

α——锥角。

计算得 s 后，就可以根据偏移量 s 来移动尾座的上层，偏移尾座的方法有以下几种：

（1）用尾座的刻度偏移尾座 先把尾座上下层零线对齐，然后转动螺钉 1 和 2，把尾座上层移动一个 s 距离，如图 6-29 所示。

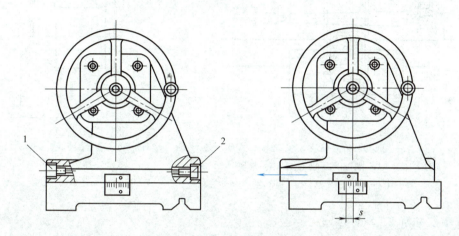

图 6-29 用尾座的刻度偏移尾座

1、2—螺钉

（2）用百分表偏移尾座 先把百分表装在刀架上，使百分表的测头与尾座套筒接触，然后偏移尾座，当百分表指针转动至 s 值后，把尾座固定，如图 6-30 所示。

尾座偏移法适于车削锥度小、锥体较长的工件。可用自动进给车锥面，加工出来的工件表面质量好。但因为顶尖在中心孔中歪斜，接触不良，所以中心孔磨损不均匀，车削锥体时尾座偏移量不能过大。

3. 靠模法

靠模法是使用专用的靠模装置进行锥面加工，如图 6-31 所示。车削锥面时，大滑板做纵向移动，滑块 4 就沿靠模板 6 斜面滑动。又因为滑块 4 与中滑板丝杠连接，则中滑板就沿着靠模板斜度做横向进给，车刀就合成斜进给运动。

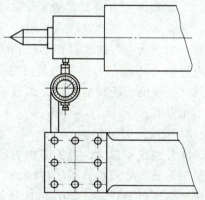

图 6-30 用百分表偏移尾座

靠模法车削锥面适于加工小锥度工件。可自动进给车削圆锥体和圆锥孔，且中心孔接触良好，故锥面质量好。靠模板调整方便、准确。

4. 宽刃刀法

宽刃刀法是采用与工件形状相适应的刀具横向进给车削锥面，如图 6-32 所示。宽刃刀的切削刃必须平直，切削刃与主轴轴线的夹角应等于工件圆锥斜角。当工件的圆锥斜面长度大于切削刃长度时，可以采用多次接刀的方法，但接刀必须平整。该方法适于车削较短的圆锥面，但要求车床必须具有很好的刚性。

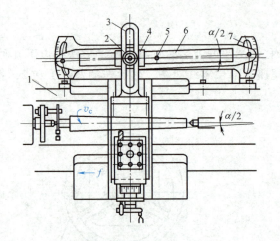

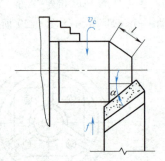

图 6-31　靠模法车锥面

图 6-32　宽刃刀法车锥面

1—床身　2—螺母　3—连接板　4—滑块

5—中心轴　6—靠模板　7—底座

五、螺纹的加工及检验

螺纹是轴类零件外圆表面加工中常见的加工表面，加工螺纹的方法很多，如车、铣、套螺纹、磨削和滚压等。采用车削方法可加工各种不同类型的螺纹，如普通螺纹、梯形螺纹和锯齿形螺纹等，在加工时除采用的刀具形状不同外，其加工方法大致相同。现以普通螺纹加工为例进行介绍。

1. 螺纹车刀几何形状的要求

螺纹车刀的刀尖角必须与螺纹牙型角相等，切削部分的形状应与螺纹截面形状相吻合；车刀的前角应为 0°；螺纹车刀左右两侧的切削刃必须是直线并具有较小的表面粗糙度值；螺纹车刀两侧的后角是不相等的。

2. 螺纹车刀的安装

安装螺纹车刀时，刀尖必须对准工件中心，刀尖角的等分线必须垂直于工件轴线。调整时可用对刀样板保证以上要求，如图 6-33 所示。

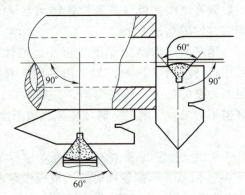

图 6-33　螺纹车刀的形状及对刀方法

3. 车削螺纹的步骤

以车削外螺纹为例，其操作步骤如图 6-34 所示。

1）开车，使车刀与工件轻微接触，记下刻度盘读数，向右退出车刀。

2）合上对开螺母，在工件表面上车出一条螺旋线，横向退出车刀，停车。

3）开反车使刀具退到工件右端，停车，用钢直尺检查螺距是否正确。

4）利用刻度盘调整背吃刀量，开车切削。

5）车刀将行进至终了时，应做好退刀停车准备，先快速退出车刀，然后停车，再开反

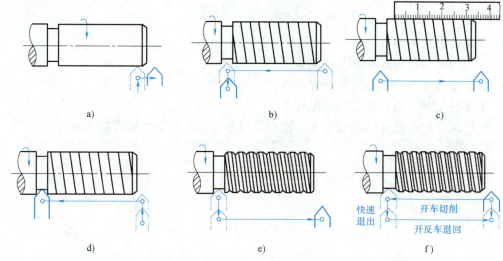

| a) | b) | c) |
| d) | e) | f) |

图 6-34 车削外螺纹操作步骤

车退回刀架。

6）再次横向进刀，继续切削。

4. 车螺纹的进刀方法

车削螺纹时，有三种进刀方法，如图 6-35 所示。

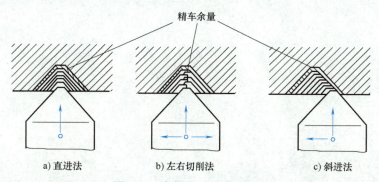

a) 直进法   b) 左右切削法   c) 斜进法

图 6-35 车螺纹时的进刀方式

（1）直进法 用中滑板横向进刀，两切削刃和刀尖同时参加切削，经几次行程后，车到螺纹所需要的尺寸和表面粗糙度。这种方法操作简单，可保证螺纹牙形精度。但刀具受力大，散热差，排屑困难，刀尖易磨损。适用于 $P < 3mm$ 三角形螺纹的粗、精车。

（2）左右切削法 除了中滑板做横向进给外，同时控制小滑板的刻度将车刀向左或向右做微量移动，分别切削螺纹的两侧面，经几次行程后完成螺纹的加工。这种方法中的车刀是单面切削，所以不容易产生扎刀现象。但是车刀左右进给量不能过大，否则会使牙底过宽或凹凸不平。

（3）斜进法 用中滑板横向进刀和小滑板纵向进刀相配合，车刀沿倾斜方向切入工件。这种方法车刀基本上只有一个切削刃参加切削，刀具受力较小，散热、排屑较好，生产率较高；但螺纹牙形的一面表面较粗糙，此法适用于粗车。

习题与思考题

1. 车床的加工范围有哪些？
2. 常用刀具材料应具备哪些性能要求？
3. 什么是背吃刀量、进给量和切削速度？
4. 粗车时切削用量选择的原则是什么？
5. 车削工件时，圆度达不到要求从机床方面考虑，是由哪些原因造成的？

第七章

铣 工

第一节 概 述

一、铣床的特点

铣削是指工件装在工作台上或分度头等附件上，铣刀旋转为主运动，辅以工作台的进给运动，获得所需的加工表面的过程。在铣床上可以加工平面（水平面、垂直面、斜面）、沟槽（键槽、T形槽、燕尾槽等）、分齿零件（齿轮、链轮、花键轴）、螺旋形表面（螺纹、螺旋槽）及各种曲面。此外，还可以加工回转体表面、内孔以及进行切断工作等，如图7-1所示。

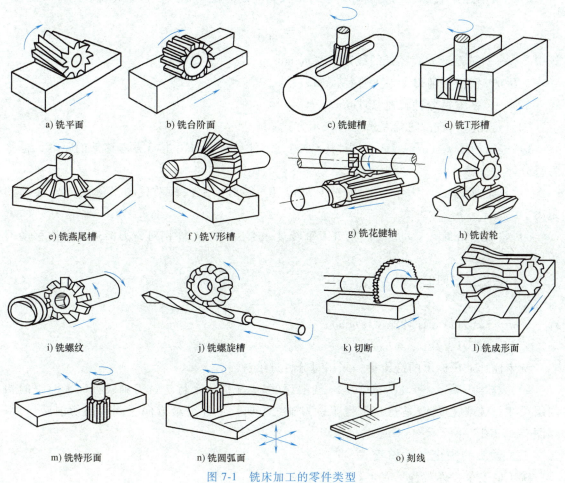

a) 铣平面	b) 铣台阶面	c) 铣键槽	d) 铣T形槽
e) 铣燕尾槽	f) 铣V形槽	g) 铣花键轴	h) 铣齿轮
i) 铣螺纹	j) 铣螺旋槽	k) 切断	l) 铣成形面
m) 铣特形面	n) 铣圆弧面	o) 刻线	

图 7-1 铣床加工的零件类型

铣削加工的特点：

优点：使用旋转的多刃刀具进行加工，同时参加切削的齿数多，整个切削过程是连续的，生产率较高。

缺点：由于每个刀齿的切削过程是断续的，每个刀齿的切削厚度也是变化的，使得切削力发生变化，产生的冲击会使铣刀寿命降低，严重时将引起崩齿和机床振动，影响加工精度。因此，铣床在结构上要求具有较高的刚度和抗振性。

二、铣削运动及铣削要素

1. 铣削运动

铣刀和工件之间的相对运动称为铣削运动。铣削运动分为主运动和进给运动，在铣削过程中，铣刀的旋转为主运动，工件的运动是进给运动。如图 7-2 所示，在立式铣床上利用面铣刀铣平面。

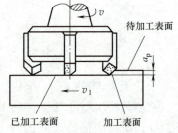

图 7-2　铣削运动及其加工表面

2. 铣削要素

铣削用量的要素包括铣削速度 v_c、进给量 f、铣削深度 a_p 和铣削宽度 a_e。

（1）铣削速速 v_c　铣削速度即为铣刀最大直径处的线速度，可用下式表示：

$$v_c = \frac{\pi D n}{1000} \tag{7-1}$$

式中　v_c——铣刀最大直径处的线速度（m/min）；

D——铣刀切削刃上最大直径（mm）；

n——铣刀每分钟转速（r/min）。

（2）进给量　铣削进给量有三种表示方式：

1）进给速度 v_f（mm/min）。指每分钟内，工件相对铣刀沿进给方向移动的距离，也称为每分钟进给量。

2）每转进给量 f（mm/r）。指铣刀每转过一转时，工件相对铣刀沿进给方向移动的距离。

3）每齿进给量 f_z（mm/z）。指铣刀每转过一个齿时，工件相对铣刀沿进给方向移动的距离。

三种进给量之间的关系为

$$v_f = fn = f_z z n \tag{7-2}$$

式中　n——铣刀每分钟转速（r/min）；

z——铣刀齿数。

铣床标牌上所标出的进给量，采用每分钟进给量。

（3）铣削深度 a_p 和铣削宽度 a_e　铣削深度 a_p 是指在平行于铣刀轴线方向上测得的切削层尺寸。铣削宽度 a_e 是指在垂直于铣刀轴线方向、工件进给方向上测得的切削层尺寸，如图 7-3 和图 7-4 所示。

三、铣工的安全操作规程

铣工的安全操作规程见表 7-1。

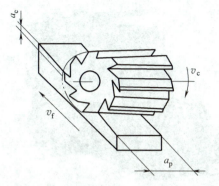

图 7-3　卧式铣床上的铣削宽度和铣削深度

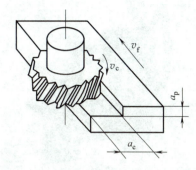

图 7-4　立式铣床上的铣削宽度和铣削深度

表 7-1　铣工的安全操作规程

序号	安 全 规 程
1	工作前,必须穿好工作服,女生须戴好工作帽,发辫不得外露,在进行铣削操作时,必须戴防护眼镜
2	开始加工前先安装好刀具,再装夹好工件。装夹必须牢固可靠,严禁用开动机床的动力来装夹刀杆、拉杆
3	开始铣削加工前,刀具必须离开工件,并应查看铣刀旋转方向与工件相对位置是顺铣还是逆铣
4	在加工中,若采用自动进给,必须注意行程的极限位置,必须严密注意铣刀与工件夹具间的相对位置,以防发生过铣、撞铣到夹具而损坏刀具和夹具
5	加工中,严禁将多余的工件、夹具、刀具、量具等摆在工作台上。以防碰撞、跌落,发生人身、设备事故
6	机床在运行中不得离位或委托他人看管。不准闲谈、打闹和开玩笑
7	中途停车测量工件时,严禁用手强行刹住惯性转动着的铣刀主轴
8	发生事故时,应立即切断电源,保护现场,参加事故分析,承担事故应负的责任
9	工作结束应认真清扫机床、加油,并将工作台移向立柱附近
10	收拾好所用的工、夹、量具,摆放于工具箱中,工件交检

第二节　铣床分类及结构特征

　　铣床的种类很多,根据构造特点及用途,铣床的主要类型（见图 7-5）有:卧式升降台铣床、立式升降台铣床、仪表铣床、平面铣床、龙门铣床和仿形铣床等。最常用的是万能卧式铣床和立式铣床。这两类铣床适用性强,主要用于单件、小批生产中加工尺寸不太大的工件。

a) 卧式升降台铣床

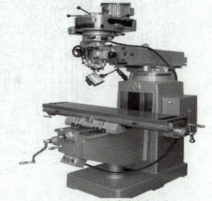

b) 立式升降台铣床

图 7-5　典型的铣床类型

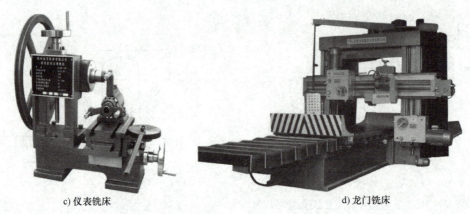

c) 仪表铣床　　　　　　　　　　　　　　　　d) 龙门铣床

图 7-5　典型的铣床类型（续）

一、万能卧式铣床

万能卧式铣床的主要特点是主轴轴线与工作台台面平行，呈水平位置。工作台可沿纵、横、垂直三个方向移动，并可在水平面内转动一定的角度，以适应铣削时不同的工作需要。X6132 万能卧式铣床的结构简图如图 7-6 所示。

X6132 铣床型号的含义为：

X 6 1 32
— 主参数代号（工作台宽度的 1/10，即工作台宽度为 320mm）
— 万能升降台铣床
— 卧式铣床
— 机床类别代号（铣床类）

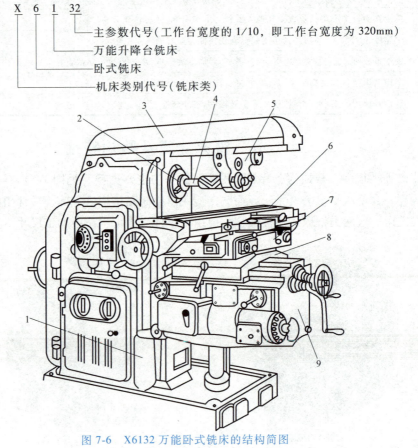

图 7-6　X6132 万能卧式铣床的结构简图

1—床身　2—主轴　3—横梁　4—刀杆　5—吊架　6—纵向工作台　7—转台　8—横向工作台　9—升降台

X6132 万能卧式铣床的主要组成部分及作用如下：

（1）床身　床身是机床的主体，用来固定和支承铣床上所有的部件。电动机、主轴及主轴变速机构等均安装在它的内部。

（2）横梁　横梁可以借助齿轮、齿条前后移动，调整其伸出长度，并可由两套偏心螺栓来夹紧。在横梁上安装着吊架，用来支承刀杆的悬出端，以增强刀杆的刚性。

（3）主轴　用于安装或通过刀杆来安装铣刀，并带动铣刀旋转。主轴是一根空心轴，前端是锥度为 7∶24 的圆锥孔，用于装铣刀或铣刀杆，并用长螺栓穿过主轴通孔从后面将其紧固。

（4）纵向工作台　用来安装工件或夹具，并带着工件做纵向进给运动。纵向工作台的上面有三条 T 形槽，用来安装压板螺栓（T 形螺栓）。这三条 T 形槽中，有一条精度较高，其余两条精度较低。工作台前侧面有一条小 T 形槽，用来安装行程挡铁。

（5）转台　它的作用是能将纵向工作台在水平面内扳转一定的角度（最大角度为 ±45°），以便铣削螺旋槽等。

（6）横向工作台　它位于升降台上面的水平导轨上，可带动纵向工作台做横向移动。

（7）升降台　可沿床身的垂直导轨上下移动，以调整工作台面到铣刀的距离，并做垂直进给。

二、立式铣床

立式铣床的主要特点是主轴轴线与工作台台面垂直。立式铣床用的铣刀相对灵活一些，适用范围较广。可以使用立铣刀、机夹刀盘和钻头等，可铣键槽、铣平面和镗孔等。

立式铣床的结构特点：

1）立式铣床铣头可在垂直平面内顺、逆时针调整 ±45°；立式铣床可以 X、Y、Z 三个方向机动进给；立式铣床主轴采用能耗制动，制动转矩大，停止迅速、可靠。

2）工作台 X/Y/Z 向有手动进给、机动进给和机动快进三种，进给速度能满足不同的加工要求；快速进给可使工件迅速到达加工位置，加工方便、快捷，缩短非加工时间。

X5032 立式铣床如图 7-7 所示。

X5032 立式铣床型号的含义为：

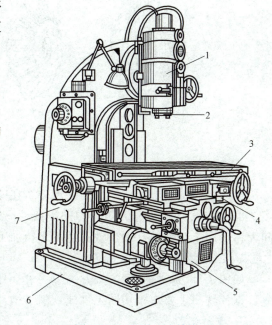

图 7-7　X5032 立式铣床

1—立铣头　2—主轴　3—工作台　4—滑座
5—升降台　6—底座　7—床身

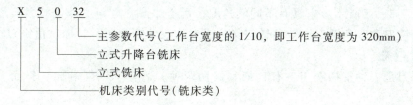

第三节　铣　　刀

铣刀的种类很多，按其装夹方式的不同可分为带孔铣刀和带柄铣刀两大类。采用孔装夹的铣刀称为带孔铣刀，如图 7-8 所示，一般用于卧式铣床。采用柄部装夹的铣刀称为带柄铣刀，有锥柄和直柄两种形式，多用于立式铣床。铣刀按用途分可分为：圆柱铣刀、面铣刀、盘铣刀、锯片铣刀、立铣刀、键槽铣刀、模数铣刀、角度铣刀和成形铣刀等。

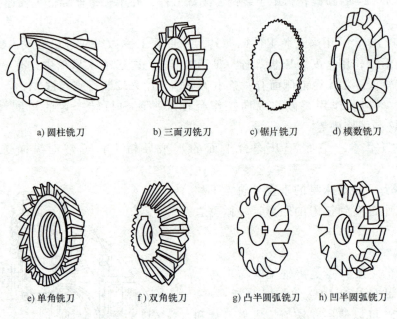

a) 圆柱铣刀　　　　b) 三面刃铣刀　　　　c) 锯片铣刀　　　　d) 模数铣刀

e) 单角铣刀　　　　f) 双角铣刀　　　　g) 凸半圆弧铣刀　　　　h) 凹半圆弧铣刀

图 7-8　带孔铣刀

1. 圆柱铣刀

用于卧式铣床上加工平面。刀齿分布在铣刀圆周上，按齿形分为直齿和螺旋齿两种，如图 7-8a 所示。按齿数分为粗齿和细齿两种。螺旋齿粗齿铣刀齿数少，刀齿强度高，容屑空间大，适用于粗加工；细齿铣刀适用于精加工。

2. 三面刃铣刀和锯片铣刀

如图 7-8b、c 所示。三面刃铣刀主要用于加工不同宽度的直角沟槽、小平面和台阶面等。锯片铣刀主要用于切断工件或铣削窄槽。

3. 成形铣刀

如图 7-8d、g、h 所示。主要用在卧式铣床上加工各种成形面，如凸圆弧、凹圆弧和齿轮等。

4. 角度铣刀

如图 7-8e、f 所示。它具有不同的角度，用于加工各种角度的沟槽及斜面等。角度铣刀分为单角铣刀和双角铣刀，双角铣刀又分为对称双角铣刀和不对称双角铣刀。

5. 立铣刀

立铣刀是一种带柄铣刀，有直柄和锥柄两种。适合于铣削端面、斜面、沟槽和台阶面等，如图 7-9 所示。

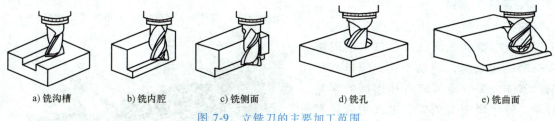

| a) 铣沟槽 | b) 铣内腔 | c) 铣侧面 | d) 铣孔 | e) 铣曲面 |

图 7-9　立铣刀的主要加工范围

6. 面铣刀

面铣刀按结构可以分为整体式面铣刀、硬质合金整体焊接式面铣刀、硬质合金机夹焊接式面铣刀和硬质合金可转位式面铣刀等。

（1）整体式面铣刀　由于这种面铣刀的材料为高速工具钢，所以其切削速度和进给量都受到一定的限制，生产率较低，并且由于该铣刀的刀齿损坏后很难修复，所以整体式面铣刀的应用较少。

（2）硬质合金整体焊接式面铣刀　这种面铣刀由硬质合金刀片与合金钢刀体焊接而成，结构紧凑，切削效率高。由于它的刀齿损坏后也很难修复，所以这种铣刀的应用也不多。

（3）硬质合金可转位式面铣刀　这种面铣刀是将硬质合金可转位刀片直接装夹在刀体槽中，切削刃磨钝后，只需将刀片转位或更换新的刀片即可继续使用，如图 7-10a 所示。硬质合金可转位式面铣刀具有加工质量稳定、切削效率高、刀具寿命长、刀片的调整和更换方便以及刀片重复定位精度高等特点，所以该铣刀是生产上应用最广的刀具之一。

7. 键槽铣刀、T 形槽铣刀和燕尾槽铣刀

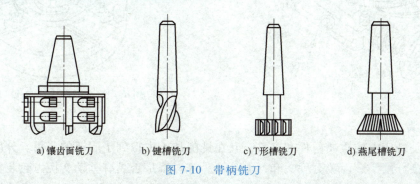

| a) 镶齿面铣刀 | b) 键槽铣刀 | c) T 形槽铣刀 | d) 燕尾槽铣刀 |

图 7-10　带柄铣刀

键槽铣刀主要用于加工封闭式键槽，如图 7-10b 所示；T 形槽铣刀专门用于加工 T 形槽，如图 7-10c 所示；燕尾槽铣刀专门用于加工燕尾槽，如图 7-10d 所示。

第四节　铣床的附件及工件装夹

一、铣床的附件

铣床的主要附件有机用平口钳、回转工作台、分度头和万能铣头等。

1. 机用平口钳（见图 7-11）

机用平口钳是一种通用夹具，常用于安装小型工件。它是铣床、钻床的随机附件。将其固定在机床工作台上，用来夹持工件进行切削加工。用扳手转动螺杆方头，通过丝杠螺母带动活动钳身移动，形成对工件的夹紧与松开。

2. 回转工作台

回转工作台主要用于较大零件的分度工作或非整圆弧面的加工。它的内部有一套蜗轮蜗杆，转动手轮，通过蜗杆轴，就能直接带动与转台相连接的蜗轮转动。转台周围有刻度，可以用来观察和确定转台位置。拧紧固定螺钉，转台就固定不动。转台中央有一孔，利用它可以方便地确定工件的回转中心。当底座上的槽和铣床工作台的 T 形槽对齐后，即可用螺栓把回转工作台固定在铣床上。铣圆弧槽时，工件用压板或平口钳安装

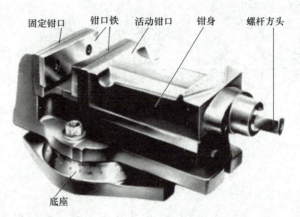

图 7-11　机用平口钳

在回转工作台上。安装工件时必须通过找正使工件上圆弧槽的中心与回转工作台的中心重合。铣削时，铣刀旋转，用手（或机动）均匀缓慢地转动回转工作台，即可在工件上铣出圆弧槽，如图 7-12 和图 7-13 所示。

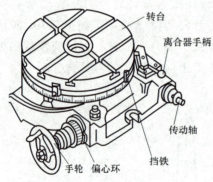

图 7-12　回转工作台

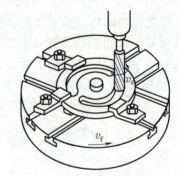

图 7-13　在回转工作台上铣圆弧槽

3. 分度头

分度头是铣床上的重要附件和夹具，其在铣削加工中得到了广泛的应用。分度头的种类较多，有直接分度头、简单分度头和万能分度头等。按是否具有差动交换齿轮装置，分度头可分为万能型（FW 型）和半万能型（FB 型）两种，其中，万能分度头使用最为广泛，此处重点介绍万能分度头的功用。

1）分度头能对工件在水平、垂直和倾斜位置进行分度，如图 7-14 所示。

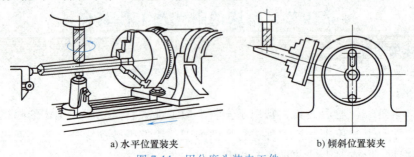

a) 水平位置装夹　　　　　　　　　　b) 倾斜位置装夹

图 7-14　用分度头装夹工件

2）铣削螺旋槽或凸轮时，能配合工作台的移动使工件连续旋转。

3）分度头铣齿轮时可以精确的分度，如图 7-15 所示。

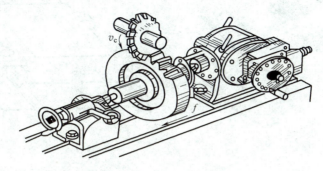

图 7-15　用分度头铣齿轮

二、工件的装夹

1. 平口钳安装工件（见图 7-16）

1）使用时，先把平口钳钳口找正并固定在工作台上，然后再安装工件。

2）工件的被加工面必须高出钳口，否则就要用平行垫铁垫高工件。

3）为了能装夹得牢固，防止铣削时工件松动，必须把比较平整的平面贴紧在垫铁和钳口上。要使工件贴紧在垫铁上，应该一面夹紧，一面用锤子轻击工件的平面，光洁的平面要用铜棒进行敲击以防止敲伤光洁表面。

4）为了不使钳口损坏和保护已加工表面，夹紧工件时在钳口处垫上铜片。

5）用手挪动垫铁以检查夹紧程度，如有松动，说明工件与垫铁之间贴合不好，应该松开平口钳重新夹紧。

6）刚性不足的工件需要支实，以免夹紧力使工件变形。

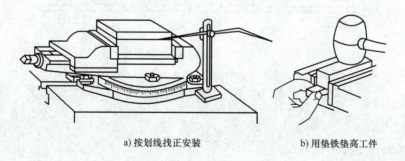

a) 按划线找正安装　　　　　　b) 用垫铁垫高工件

图 7-16　在平口钳中安装工件

2. 用压板、螺栓装夹工件（见图 7-17 和图 7-18）

有些工件较大或形状特殊，需要用压板、螺栓和垫铁，把工件直接固定在工作台上进行铣削。

用压板、螺栓装夹工件的注意事项：

1）压板的位置要安排得当，压点要靠近切削面，压力大小要合适。粗加工时，压紧力要大，以防止切削中工件移动；精加工时，压紧力要合适，注意防止工件发生变形。

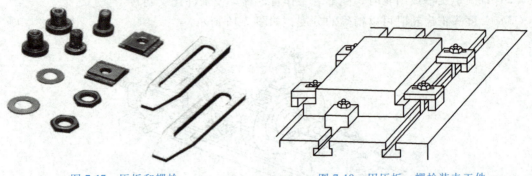

图 7-17　压板和螺栓　　　　　　　　图 7-18　用压板、螺栓装夹工件

2）工件如果放在垫铁上，要检查工件与垫铁是否贴紧，若没有贴紧，必须垫上纸或铜皮，直到贴紧为止。

3）压板必须压在垫铁处，以免工件因受夹紧力而变形。

4）安装薄壁工件（见图 7-19），在其空心位置处可用活动支承（千斤顶等）增加刚度，否则工件因受切削力而产生振动和变形。

5）工件夹紧后，要用划针复查加工线是否仍然与工作台平行，避免工件在安装过程中变形或走动。

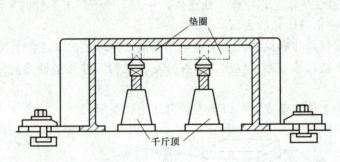

图 7-19　薄壁工件的安装

第五节　铣 削 加 工

一、铣削方法

铣削有顺铣和逆铣两种方式。

1. 顺铣

铣刀对工件的作用力在进给方向上的分力与工件进给方向相同的铣削方式称为顺铣，如图 7-20a 所示。

（1）顺铣的优点

1）铣削时较平稳。对不易夹紧的工件及细长的薄板形工件尤为合适。

2）铣刀切削刃切入工件时的切屑厚度最大，并逐渐减小到零。切削刃切入容易，且铣刀后刀面与工件已加工表面的挤压、摩擦小，故切削刃磨损慢，加工出的工件表面质量较高。

3）消耗在进给运动方向的功率较小。

（2）顺铣的缺点

1）顺铣时，切削刃从工件的外表面切入工件，因此当工件是有硬皮和杂质的毛坯件时，容易磨损和损坏刀具

2）顺铣时，F_c在水平方向的分力F_f与工件进给方向相同，会拉动铣床工作台。当工作台进给丝杠与螺母的间隙较大及轴承的轴向间隙较大时，工作台会产生间歇性窜动，易导致铣刀刀齿折断、铣刀杆弯曲、工件与夹具产生位移，甚至机床损坏等严重后果。

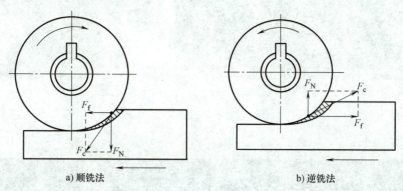

a) 顺铣法   b) 逆铣法

图 7-20　顺铣和逆铣

2. 逆铣

铣刀对工件的作用力在进给方向上的分力与工件进给方向相反的铣削方式称为逆铣，如图 7-20b 所示。

（1）逆铣的优点

1）在铣刀中心进入工件端面后，切削刃沿已加工表面切入工件，铣削表面有硬皮的毛坯件时，对铣刀切削刃损坏的影响小。

2）F_c在水平方向的分力F_f与工件进给方向相反，铣削时不会拉动工作台。

（2）逆铣的缺点

1）逆铣时，F_c在垂直方向的分力F_N始终向上，对工件需用较大的夹紧力。

2）逆铣时，在铣刀中心进入工件端面后，切削刃切入工件时的切削厚度为零，并逐渐增到最大，因此切入时铣刀后刀面与工件表面的挤压、摩擦严重，加速刀齿磨损，影响铣刀寿命，工件加工表面产生硬化层，影响工件已加工表面的加工质量。

3）逆铣时，消耗在进给运动方面的功率较大。

二、铣平面

在卧式铣床和立式铣床上均可进行平面铣削。使用圆柱铣刀、面铣刀、立铣刀和三面刃铣刀都可对平面进行铣削加工，平面的铣削方法有周铣和端铣两种。

1. 周铣和端铣

（1）周铣　周铣是利用分布在铣刀圆周面上的切削刃铣削并形成已加工表面的一种铣削方式，如图 7-21 所示。

（2）端铣　端铣是利用分布在铣刀端面上的齿刃进行的铣削并形成已加工表面的一种铣削方式，如图 7-22 所示。

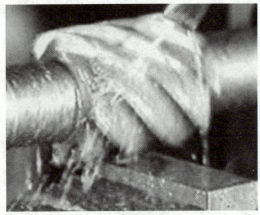

a) 圆柱铣刀周铣　　　　　　　　　　　b) 立铣刀周铣

图 7-21　周铣

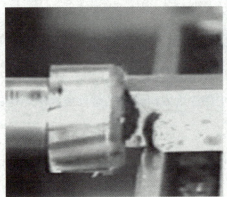

a) 卧式铣床端铣　　　　　　　　　　　b) 立式铣床端铣

图 7-22　端铣

2. 各种平面的铣削

1）在卧式铣床上用圆柱铣刀铣平面，不同的装夹方式如图 7-23 所示。

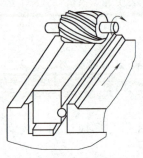
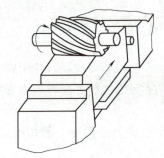
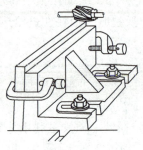

a) 固定钳口与主轴轴线垂直　　b) 固定钳口与主轴轴线平行　　c) 用专用夹具装夹

图 7-23　圆柱铣刀铣平面

2）在卧式铣床上用面铣刀铣平面，如图 7-24 所示。

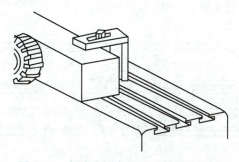

图 7-24　在卧式铣床上用面铣刀铣平面

3）在立式铣床上铣平面，如图 7-25 所示。

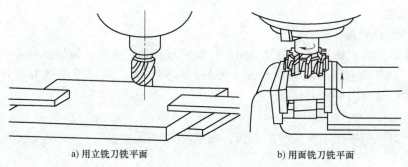

a) 用立铣刀铣平面　　　　　　　　b) 用面铣刀铣平面

图 7-25　在立式铣床上铣平面

三、铣斜面

铣削斜面的方法很多，常用的有工件倾斜铣斜面、铣刀倾斜铣斜面和用角度铣刀铣斜面等。

1. 工件倾斜铣斜面（见图 7-26）

在卧式铣床或在立铣头不能转动角度的立式铣床上铣斜面时，可将工件倾斜所需角度后，铣削斜面。

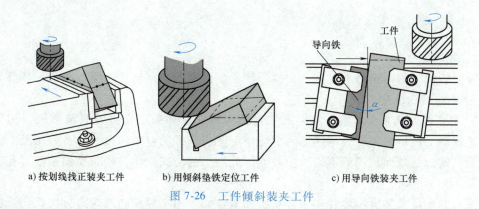

a) 按划线找正装夹工件　　　b) 用倾斜垫铁定位工件　　　c) 用导向铁装夹工件

图 7-26　工件倾斜装夹工件

1）按划线找正装夹工件，如图 7-26a 所示。

2）用倾斜垫铁铣斜面。在零件基准的下面或侧面垫一块倾斜的垫铁，则铣出的平面就与基准面倾斜，如图 7-26b 所示。或如图 7-26c 所示的用导向铁装夹工件。

3）将平口钳搬动一定的角度，如图 7-27 所示。

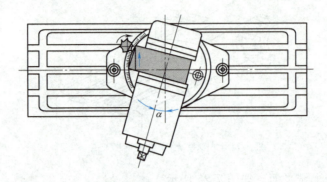

图 7-27　调整平口钳角度

2. 铣刀倾斜铣斜面

用万能铣头安装立铣刀或面铣刀，用平口钳或压板装夹工件，可以铣削要求的斜面。如图 7-28 所示，用万能铣头可以方便地改变刀杆的空间位置，通过扳转铣头使刀具相对工件倾斜一个角度便可铣出所需的斜面。

3. 用角度铣刀铣斜面

用角度铣刀铣削斜面宽度较窄的斜面，如图 7-29 所示。

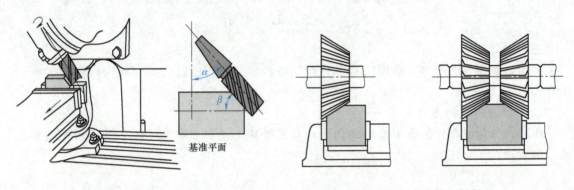

图 7-28　用万能铣头铣斜面　　　　　图 7-29　用角度铣刀铣斜面

四、铣沟槽

铣床上能加工的沟槽种类很多，如直角沟槽、键槽、角度槽、燕尾槽和 T 形槽等。

1. 直角沟槽的铣削

（1）用立铣刀铣直角沟槽　封闭式的直角沟槽一般都采用立铣刀或键槽铣刀加工。立铣刀最适宜加工两端封闭、底部穿通、槽宽精度要求较低的直角沟槽，如各种压板上的穿通槽。由于立铣刀的端面切削刃不通过中心，因此加工封闭式直角沟槽时要预钻落刀孔，如图 7-30 和图 7-31 所示。

立铣刀的强度及装夹刚度较小，容易折断或让刀，加工较深的槽时应分层铣削，进给量要比三面刃铣刀小些。对于槽宽要求较高、深度较浅的封闭式或半封闭式直角沟槽，可采用键槽铣刀加工。

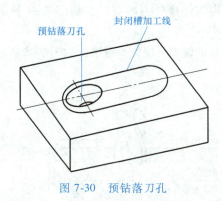

图 7-30　预钻落刀孔

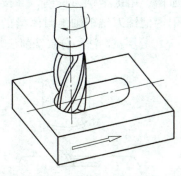

图 7-31　立铣刀铣封闭槽

（2）用三面刃铣刀铣直角沟槽（见图 7-32）　敞开式直角沟槽又称为直角通槽，当尺寸较小时，通常都用三面刃铣刀加工，三面刃铣刀的圆柱面切削刃起主要切削作用，两个侧面切削刃起修光作用。

图 7-32　三面刃铣刀铣直角沟槽

2. 键槽的铣削

轴上键槽有通槽、半通槽和封闭槽三种，如图 7-33 所示。铣键槽时工件装夹不但要保证稳定、可靠，还要保证轴槽的中心平面通过轴线。

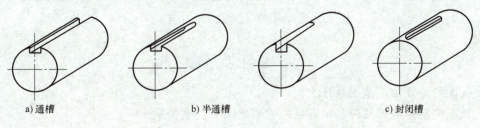

a) 通槽　　　　　　　　b) 半通槽　　　　　　　　c) 封闭槽

图 7-33　键槽

轴上的通槽和槽底一端是圆弧形的半通槽，一般选用盘形槽铣刀铣削，轴槽的宽度由铣刀宽度保证，半通槽一端的槽底圆弧半径由铣刀半径保证。轴上的封闭槽和槽底一端是直角的半通槽，用键槽铣刀铣削，并按轴槽的宽度尺寸来确定键槽铣刀的直径，如图 7-34 所示。

用键槽铣刀铣削轴上封闭槽的方法有以下两种：

（1）**分层铣削法**　分层铣削法是用符合键槽宽度尺寸的铣刀分层铣削键槽，如图 7-35 所示。

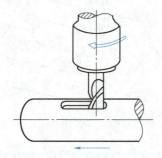

图 7-34　键槽铣刀铣键槽

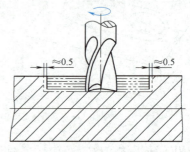

图 7-35　分层铣削法

（2）**扩刀铣削法**　扩刀铣削法是先用直径较小的键槽铣刀（比槽宽尺寸小 0.5mm 左右）进行分层往复粗铣至槽深，深度留余量 0.1~0.3mm，槽长两端各留余量 0.2~0.5mm，再用符合轴槽宽度尺寸的键槽铣刀精铣，如图 7-35 所示。精铣时，由于铣刀的两个切削刃的径向力能相互平衡，所以铣刀偏让量较小，键槽的对称度好。但应当注意消除横向进给丝杠和螺母配合间隙的影响，以免键槽中心位置偏移。

3. T 形槽的铣削

要铣 T 形槽，首先用立铣刀或三面刃铣刀铣出直角槽，然后在立式铣床上用 T 形槽铣刀铣削，最后再用角度铣刀铣出倒角。T 形槽的加工过程如图 7-36 所示。

a) 立铣刀铣直角槽

b) T形槽铣刀铣T形槽

c) 角度铣刀铣倒角

图 7-36　T 形槽的加工过程

习题与思考题

1. 铣削的主要加工范围是什么？
2. 铣削进给量有哪几种表示方法？它们之间有什么关系？
3. 万能卧式铣床由哪些主要部分组成？其作用是什么？
4. 铣刀有哪些种类？在卧式铣床上铣削平面、台阶面、轴上键槽时应选用何种铣刀？
5. 什么是顺铣？什么是逆铣？如何选择？

第八章

刨 工

第一节 概 述

一、刨削加工范围及特点

刨床结构简单、操作方便、通用性强，适合在多品种、单件小批量生产中，用于加工各种平面、导轨面、直沟槽、T形槽和燕尾槽等。如果配上辅助装置，还可以加工曲面、齿轮和齿条等工件，如图8-1所示。

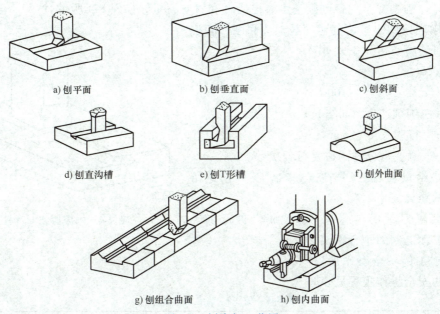

a) 刨平面　　　　　　b) 刨垂直面　　　　　　c) 刨斜面

d) 刨直沟槽　　　　　e) 刨T形槽　　　　　　f) 刨外曲面

g) 刨组合曲面　　　　　　　　h) 刨内曲面

图 8-1　刨床加工范围

由于刨床结构简单，调整操作方便，刨刀的制造和刃磨容易，价格低廉，所以加工成本明显低于同类机床。刨削是断续的，每个往复行程中刨刀切入工件时，受较大的冲击力，刀具容易磨损，加工质量较低；换向瞬间运动反向惯性大，致使刨削速度不能太快，但由于刨削速度慢和有一定的空行程，产生的切削热不高，故一般不需要加切削液。刨削加工公差等级达 IT10~IT7，表面粗糙度值 Ra 可达 6.3~1.6μm。

常用的刨床有牛头刨床和龙门刨床，如图8-2和图8-3所示。牛头刨床主要加工不超过1000mm的中、小型工件，而龙门刨床主要加工较大的箱体、支架和床身等零件。牛头刨床是刨削类机床中应用较广的一种，本书主要介绍 B6065 型牛头刨床。

图 8-2　牛头刨床

图 8-3　龙门刨床

二、刨削要素

刨削时，刨刀的直线往复运动为主运动，工件的间歇移动为进给运动。

刨削时，刨削要素包括刨削速度、进给量和背吃刀量，如图 8-4 所示。

（1）刨削速度 v_c　刨削速度是工件和刨刀在刨削时的相对速度，可用下式计算：

$$v_c = \frac{2Ln_r}{1000} \qquad (8-1)$$

式中　v_c——刨削速度（m/min）；

L——行程长度（mm）；

n_r——滑枕每分钟的往复行程次数。

（2）进给量 f　刨刀每往复一次，工件沿进给方向移动的距离。

（3）背吃刀量 a_p　背吃刀量是指工件已加工面和待加工面之间的垂直距离。

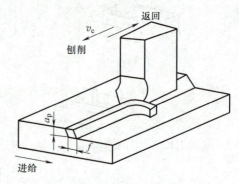

图 8-4　刨床的刨削要素

三、刨工的安全操作规程

刨工的安全操作规程见表 8-1。

表 8-1　刨工的安全操作规程

序号	安 全 规 程
1	多人共同使用一台刨床时，只能一人操作，并注意其他人的安全
2	工件和刨刀必须装夹牢固，以防发生事故
3	开动刨床后，不允许操作者离开机床，也不能开机变速、清除切屑、测量工件，以防发生人身事故
4	工作台和滑枕的调整不能超过极限位置，以防发生设备事故
5	工作中突然断电或发生事故时，应立即停车并切断电源开关

第二节　牛头刨床

B6065 牛头刨床型号的含义为：

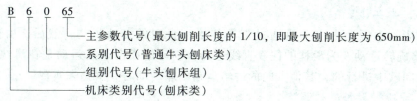

主参数代号（最大刨削长度的 1/10，即最大刨削长度为 650mm）
系别代号（普通牛头刨床类）
组别代号（牛头刨床组）
机床类别代号（刨床类）

一、牛头刨床的组成

牛头刨床一般由床身、滑枕、底座、横梁、工作台和刀架等部件组成。牛头刨床的外形如图 8-5 所示。

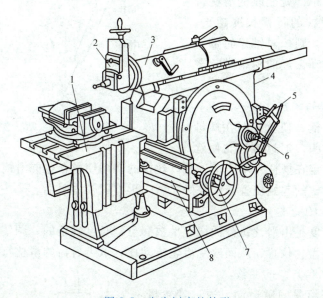

图 8-5　牛头刨床的外形

1—工作台　2—刀架　3—滑枕　4—床身　5—变速手柄
6—滑枕行程调节手柄　7—横向进给手柄　8—横梁

（1）工作台　主要用来安装工件。台面上有 T 形槽，可穿入螺栓头装夹工件或夹具。工作台可随横梁上下调整，也可随横梁做横向间歇移动，这个移动称为进给运动。

（2）刀架（见图 8-6）　主要用来夹持刨刀。松开刀架上的手柄，滑板可以沿转盘上的导轨带动刨刀做上下移动；松开转盘上两端的螺母，扳转一定的角度，可以加工斜面以及燕尾形零件。抬刀板可以绕刀座的轴转动，使刨刀回程时，可绕轴自由上抬，减少刀具与工件的摩擦。

（3）滑枕　主要用来带动刨刀做往复直线运动（即主运动），前端装有刀架，其内部装有丝杠螺母传动装置，可用于改变滑枕的往复行程位置。

（4）床身　主要用来支承和连接机床各部件。其顶面的燕尾形导轨供滑枕做往复运动。床身内部有齿轮变速机构和摆杆机构，可用于改变滑枕的往复运动速度和行程长短。

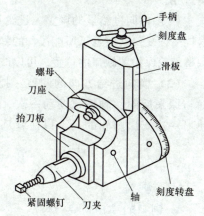

图 8-6　牛头刨床的刀架

手柄
刻度盘
滑板
螺母
刀座
抬刀板
紧固螺钉
刀夹
轴
刻度转盘

二、牛头刨床的调整

刨床的主运动由电动机通过带轮传给床身内的变速机构，然后，由摆杆机构（见图8-7）将旋转运动变为滑枕的往复直线运动。刨床的横向进给运动是在滑枕的两次往复直线运动的间歇中进行的，其他方向的进给运动则靠转动刀架手柄来实现。

1. 滑枕行程长度的调整

滑枕行程长度一般比工件加工长度大30～40mm。由曲柄摆杆机构工作原理可知，改变滑块的偏心距，就能改变滑枕行程。偏心距越大，滑枕的行程长度越长。调整方法：转动方头，则一对锥齿轮带动螺杆转动，使滑块移动，经曲柄销带动滑块改变偏心距。

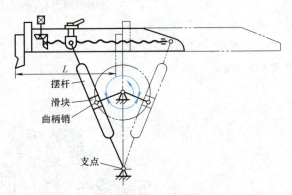

图 8-7　牛头刨床的摆杆机构

2. 滑枕起始位置的调整

松开滑枕锁紧手柄，使丝杠能在螺母中转动。然后转动方头，通过锥齿轮使丝杠转动。由于螺母固定在摆杆上不能动，所以丝杠的转动使丝杠连同滑枕一起沿导轨做前后移动，从而改变了滑枕的起始位置。调整好之后，再拧紧锁紧手柄。

3. 滑枕行程速度的变换

滑枕往复运动速度是由滑枕每分钟往复次数和行程长度确定的。调整时，通过变换变速手柄位置，改变滑移齿轮位置，从而改变齿轮传动比，取得所需的滑枕每分钟往复次数。

4. 进给量的大小和方向的调整

工作台的横向进给是间歇运动，通过棘轮机构来实现。牛头刨床的棘轮机构如图8-8所示。当大齿轮带动一对齿数相等的齿轮1、2转动时，通过连杆3使棘爪4摆动，并拨动固定在进给丝杠上的棘轮5转动。棘爪每摆动一次，便拨动棘轮和丝杠转动一定的角度，使工作台实现一次横向进给。

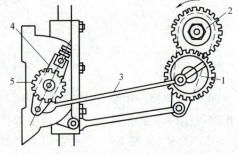

图 8-8　牛头刨床的棘轮机构

1、2—齿轮　3—连杆　4—棘爪　5—棘轮

（1）横向进给量的调整　进给量的大小取决于滑枕每往复一次时棘爪所能拨动的棘轮齿数 k。通过调整棘轮保护罩缺口的位置，可以改变 k 值，从而改变横向进给量。k 值调整范围为 $k=1～10$。

（2）横向进给方向的调整　提起棘爪转动180°，放回原来的棘轮槽中，此时棘爪的斜面与原来反向，棘爪每摆动一次，拨动棘轮的方向相反。此外，还必须将保护罩反向转动，使另一边露出棘轮的齿，以便棘爪拨动。

第三节　刨刀及工件安装

一、刨刀

1. 刨刀的结构特点

刨刀的结构与车刀相似，其几何角度的选取原则也与车刀基本相同。但是由于刨削过程中有冲击，所以刨刀的前角比车刀要小（一般小于5°），而且刨刀的刃倾角也应取较大的负值，以使刨刀切入工件时所产生的冲击力不是作用在刀尖上，而是作用在离刀尖稍远的切削刃上。

常用刨刀有直杆刨刀、弯头刨刀、平面刨刀、偏刀、切刀、成形刨刀和宽刃刨刀等，如图8-9所示。

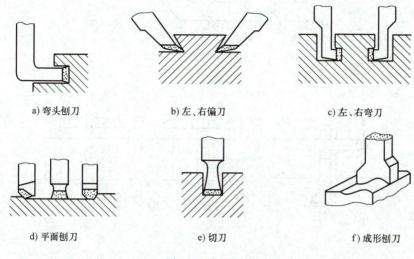

a) 弯头刨刀　　　　b) 左、右偏刀　　　　c) 左、右弯刀

d) 平面刨刀　　　　e) 切刀　　　　f) 成形刨刀

图 8-9　常用刨刀

2. 刨刀的选择与安装

刨刀的选择，一般根据工件的材料和加工要求来确定。加工铸铁工件时，通常采用钨钴类硬质合金刀头；加工钢制工件时，一般采用高速工具钢弯头刨刀。

刨刀安装，将选择好的刨刀插入夹刀座的方孔内并用紧固螺钉压紧。并注意以下事项：

1）刨平面时刀架和刀座都应在中间垂直的位置上。

2）刨刀在刀架上不能伸出太长，以免加工时发生振动或折断。直头刨刀伸出的长度（超出刀座下端的长度），一般不宜超过刀杆厚度的1.5～2倍。弯头刨刀一般稍长于弯头部分。

3）装刀和卸刀时，用一只手扶住刨刀，另一只手从上向下或倾斜向下扳动刀夹螺栓，夹紧或松开刨刀。

二、工件的装夹

刨床上常用的装夹工具有压板、压紧螺栓、平行垫铁、斜垫铁、支承板、挡块、阶台垫铁、V形块、螺丝撑、千斤顶和平口钳等。形状简单、尺寸较小的工件可装夹在平口钳上，如图8-10所示。

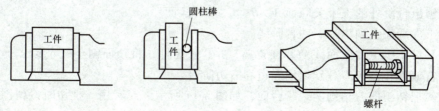

图 8-10　用平口钳装夹

尺寸较大、形状复杂的工件可直接装夹在工作台上，如图 8-11 和图 8-12 所示。

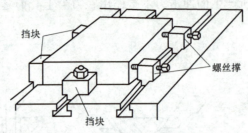

图 8-11 螺丝撑和挡块夹紧工件

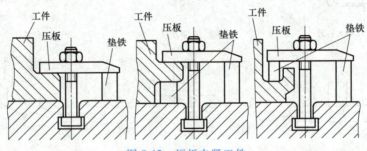

图 8-12 压板夹紧工件

第四节 刨 削 加 工

一、刨削平面

刨削一般平面的方法、步骤如下：

1）装夹工件。

2）选择刨刀，一般用两侧切削刃对称的尖刀，并安装刨刀。

3）刨刀安装好后，调整刨床，根据刨削速度（一般为 17～50m/min）来确定滑枕每分钟往复次数，再根据夹好工件的长度和位置来调整滑枕的行程长度和行程起始位置。

4）对刀试刨。开车对刀，使刀尖轻轻地擦在加工平面表面上，观察刨削位置是否合适；如不合适，需停车重新调整行程长度和起始位置。刨削背吃刀量为 0.5～4mm，进给量为 0.33～0.66mm/str（即棘爪每次摆动拨动棘轮转过一个或两个齿）。

5）倒角或去毛刺。

6）检查尺寸。

二、刨削阶台

阶台是由两个成直角的面连接而成的，其刨削方法是刨削水平面和垂直面两种方法的组合。刨削图 8-13 所示工件的步骤如下：

1）先刨出台阶外的五个关联面 A、B、C、D、E 面。

2）在工件端面上划出加工的台阶线。

3）用平口钳以工件底面 A 为基准装夹，并找正工件，将顶面刨至尺寸要求。

4）用右偏刀和左偏刀分别粗刨左边和右边阶台。

5）用两把精刨偏刀精刨两边阶台面，如图 8-14 所示。或者用一把切断刀精刨两边阶台面，如图 8-15 所示，并严格控制阶台表面间的尺寸。

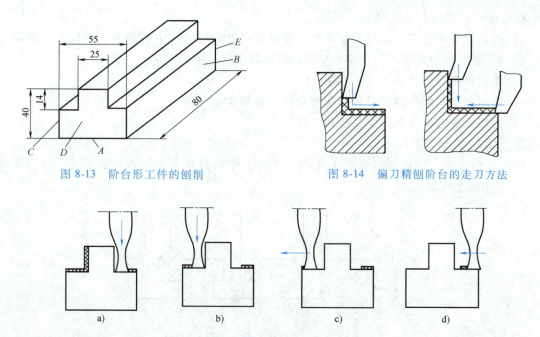

图 8-13　阶台形工件的刨削　　　　图 8-14　偏刀精刨阶台的走刀方法

a)　　　　　　b)　　　　　　c)　　　　　　d)

图 8-15　切断刀精刨阶台的走刀步骤

三、刨削斜面

刨削斜面工件，一般应先将互相垂直的几个平面刨好，然后划出斜面的加工线，最后刨斜面。斜面的刨削方法有多种，刨削时应根据工件形状、加工要求、数量等具体情况来选用。常用的刨斜面方法有正夹斜刨法和斜夹平刨法、转动钳口垂直走刀法、用成形刨刀（样板刨刀）刨斜面法等。正夹斜刨法刨斜面如图 8-16 所示。

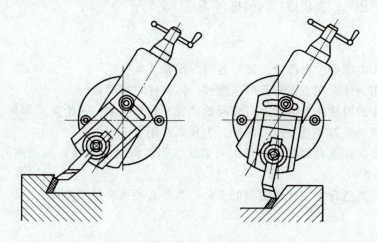

图 8-16　正夹斜刨法刨斜面

正夹斜刨法，即把刀架倾斜，使溜板移动方向与工件斜面方向一致，通过手动进给来刨削斜面，如图 8-16 所示。

正夹斜刨法刨斜面的步骤如下：

1）把工件装夹在平口钳上或直接装夹在工作台上。在平口钳上装夹工件时，应使加工部分露出钳口，然后找正工件。

2）调整刀架和装刀。应将刀架调整到使进刀的方向与被加工斜面平行的位置，刀架调整好后，还要旋转拍板座，拍板座调整到位后再将刨刀装到刀架上。

3）粗刨斜面，留 0.3~0.5mm 的余量。

4）精刨斜面，刨内斜面时切削速度和进给量都要小一些。

5）用样板或游标万能角度尺检验工件。

四、刨削 T 形槽

刨削 T 形槽前，应先刨出各相关平面，并在工件端面和上平面划出加工线，然后按照图 8-17 所示的步骤加工。

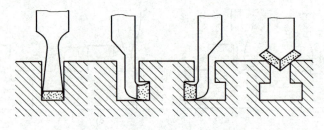

图 8-17　T 形槽的刨削步骤

1）安装工件，用切槽刀刨出直角槽，使其宽度等于 T 形槽槽口的宽度，深度等于 T 形槽的深度。

2）用弯头切刀刨削一侧的凹槽，如果凹槽的深度较大，可分几次刨完。但凹槽的垂直面要用垂直走刀精刨一次，这样才能使槽壁平整。

3）换上方向相反的弯头切刀，刨削另一侧的凹槽。

4）换上 45°刨刀，完成槽口的倒角。

习题与思考题

1. 牛头刨床由哪些主要部分组成？各自作用是什么？

2. 牛头刨床为什么在工作行程时速度慢，而回程时速度快？

3. 牛头刨床的滑枕往复速度、行程起始位置、行程长度、进给量是如何进行调整的？

4. 刨刀分弯头刨刀和直头刨刀两种，为什么常用弯头刨刀？

5. 刨削水平面和垂直面时，为什么刀架转盘刻度要对准零线？而刨削斜面时刀架转盘要转过一定的角度？

6. 牛头刨床最适合加工什么类型的工件？为什么不适合加工曲面？

第九章

磨 工

第一节 概 述

磨床是用磨具和磨料（如砂轮、砂带、磨石和研磨剂等）对工件的表面进行磨削加工的一种机床，它可以加工各种表面，如平面、内外圆柱面、圆锥面和螺旋面等。通过磨削加工，使工件的形状及表面质量达到预期的要求。在磨床上用砂轮作为切削工具，对工件表面进行加工的方法称为磨削加工。

一、磨削加工的范围和工艺特点

1. 磨削加工的范围

磨削加工的范围非常广泛，如图 9-1 所示，能磨削外圆、内圆、圆锥、平面、成形面、螺纹、曲轴、齿轮和刀具等各种复杂零件的表面。它除能磨削普通材料外，尤其适用于一般刀具难以切削的高硬度材料的加工，如淬硬钢、硬质合金等。

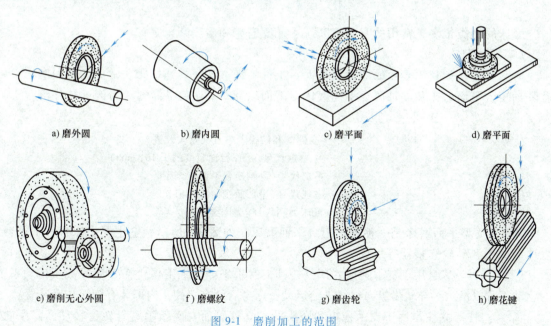

a) 磨外圆　　　　b) 磨内圆　　　　c) 磨平面　　　　d) 磨平面

e) 磨削无心外圆　　f) 磨螺纹　　　　g) 磨齿轮　　　　h) 磨花键

图 9-1　磨削加工的范围

2. 磨削加工的工艺特点

1）切削刃不规则。切削刃的形状、大小和分布均处于不规则的随机状态，通常切削时为很大的负前角。

2）切削厚度薄，故其加工表面可以获得较好的精度。磨削加工公差等级可达 IT6～IT4，表面粗糙度值 Ra 可达 1.25～0.02μm。

3）磨削速度高。一般磨削速度为 35m/s 左右，高速磨削可达 60m/s，但磨削过程中，砂轮对工件有强烈的挤压和摩擦作用，导致大量的热量产生，在磨削区域瞬间温度可达 1000℃ 左右，因此磨削时必须加注大量的切削液。

4）磨削不仅能加工一般的金属材料，如钢、铸铁及有色金属合金，而且可加工硬度很高，用金属刀具很难加工，甚至根本不能加工的材料，如淬火钢、硬质合金等。

二、磨工的安全操作规程

磨工的安全操作规程见表 9-1。

表 9-1 磨工的安全操作规程

序号	安全规程
1	必须正确安装和紧固砂轮，安装好砂轮防护罩；新砂轮要用木棒敲击检查是否有裂纹
2	磨削前应使砂轮空运转 2min，在确定运转正常后才能开始磨削。砂轮运转时，操作人员应站立在砂轮侧面
3	开车前必须调整好行程挡块的位置并将其紧固。要防止砂轮与工件轴肩或卡盘、尾座撞击
4	工件要装夹牢固。使用顶尖装夹时，尾座套筒压力要适当；平面磨削工件时工件不能太高，确保磁性吸盘电路正常
5	工件在磨削过程中需要测量或加工结束时，须先将砂轮快速退出，再用手轮退出些，在头架和工作台停止运动后再测量
6	操作时必须精力集中，随时注意加工情况，一旦遇到问题应立即关停磨床

第二节 磨 床

磨床的种类很多，常用的有平面磨床、外圆磨床和内圆磨床等。

1. 平面磨床

平面磨床是指利用砂轮的周边或端面对工件平面进行磨削的机床。常用的平面磨床主要有卧轴矩台平面磨床和立轴圆台平面磨床。下面以 M7120D 型平面磨床为例进行分析。

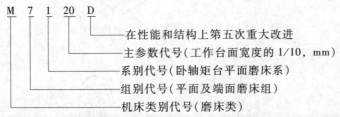

M7120D 型平面磨床是一种卧轴矩台平面磨床，如图 9-2 所示，它主要由床身、工作台、立柱、磨头和砂轮修整器等组成。

（1）床身 床身用于支承磨床各部件，其上有水平导轨，工作台在手动或液压传动系统的驱动下可以沿水平导轨做纵向往复进给运动。床身后侧有立柱，内部装有液压传动装置。

（2）立柱 立柱是用于支承拖板和磨头的。立柱侧面有两条垂直导轨，转动升降手轮，可以使拖板连同磨头一起沿垂直导轨上下移动，以实现垂直进给运动。

（3）拖板 拖板下面有燕尾形导轨与磨头相连，其内部有液压缸，用以驱动磨头做横向间歇进给运动或连续移动。也可以转动横向进给手轮实现手动进给。

（4）磨头 磨头中的砂轮主轴与电动机主轴制成一体，直接得到高速旋转运动——主运动。

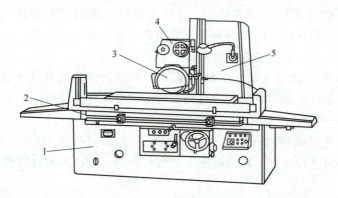

图 9-2 M7120D 型平面磨床

1—床身 2—工作台 3—磨头 4—滑座 5—立柱

（5）工作台 工作台上装有电磁吸盘，用以装夹具有导磁性的工件，对没有导磁性的工件，则利用其他夹具来装夹。工作台前侧有换向撞块，能自动控制工作台的往复行程。

2. 外圆磨床

外圆磨床用于磨削外圆柱面、外圆锥面和轴肩端面等。它分为普通外圆磨床和万能外圆磨床。图 9-3 所示为 M1432B 型万能外圆磨床。

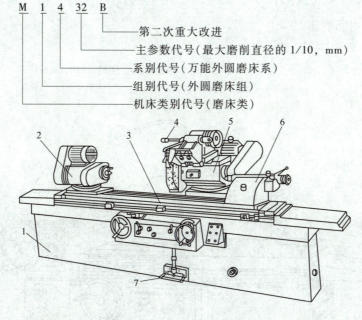

图 9-3 M1432B 型万能外圆磨床

1—床身 2—头架 3—工作台 4—内圆磨头 5—砂轮架 6—尾座 7—脚踏操纵板

M1432B 型万能外圆磨床由床身、头架、工作台、内圆磨头、砂轮架、尾座和控制箱等主要部件组成。其中控制箱包括工作台手摇机构、横向进给机构、工作台纵向直线运动液压传动装置。

（1）床身 床身用来安装各部件，上部装有工作台和砂轮架，内部装有液压传动系统。床身上的纵向导轨供工作台移动，横向导轨供砂轮架移动。

（2）**砂轮架**　砂轮架用来安装砂轮，并由单独电动机通过带传动驱动砂轮高速旋转。砂轮架可在床身后部的导轨上做横向移动。移动方式有自动间歇进给、手动进给、快速趋近和快速退出。砂轮架可绕垂直轴线偏转±30°。

（3）**头架**　头架上装有主轴，主轴端部可以安装顶尖、拨盘或卡盘，以便装夹工件。主轴由单独电动机通过带传动驱动变速机构，使工件可获得6级不同的转动速度。头架可以在水平面内偏转0°～90°。

（4）**尾座**　尾座的套筒内有顶尖，用来支承工件的另一端。尾座在工作台上的位置可根据工件长度的不同进行调整。扳动尾座上的杠杆，顶尖套筒可缩进或伸出，并利用弹簧的压力顶住工件。

（5）**工作台**　工作台由液压驱动沿着床身的纵向导轨做直线往复运动，使工件实现0.05～4m/min无级调速的纵向进给。在工作台前侧面的T形槽内，装有两个换向挡块，可使工作台自动换向。工作台也可手动进给。工作台分上、下两层，上层可在水平面内偏转−3°～+6°的角度，以便磨削外圆锥面。

（6）**内圆磨头**　内圆磨头用来磨削直径为3～100mm的内圆柱面和内圆锥面，它的主轴可安装磨削内圆的砂轮，由单独电动机驱动。内圆磨头在使用时翻下来，不使用时翻向砂轮架上方。

3. 内圆磨床

内圆磨床用于磨削各种内孔（如圆柱形通孔、不通孔、阶梯孔以及圆锥孔等）。图9-4所示为M2110型内圆磨床。

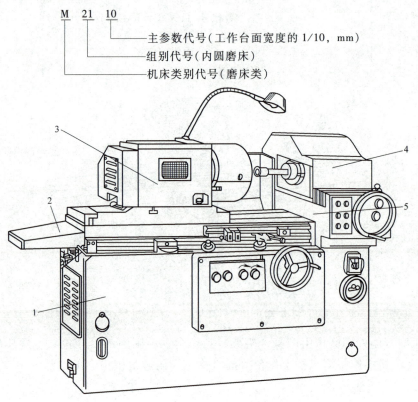

图 9-4　M2110 型内圆磨床

1—床身　2—工作台　3—工件头架　4—砂轮架　5—滑鞍

内圆磨床由床身、工作台、工件头架和砂轮架等组成。

砂轮架安装在床身上，由单独电动机驱动砂轮高速旋转，提供主运动；砂轮架还可以横向移动，使砂轮实现横向进给运动。工件头架安装在工作台上，带动工件旋转做圆周进给运动；头架可在水平面内扳转一定角度，以便磨削内锥面。工作台沿床身纵向导轨做往复直线运动，带动工件做纵向进给运动。

第三节　砂　　轮

一、砂轮的组成

砂轮是由磨粒、结合剂和空隙三部分组成的。磨粒以其裸露在表面部分的棱角作为切削刃；结合剂将磨粒黏结在一起，经加压与焙烧使之具有一定的形状和强度；空隙则在磨削过程中起容纳切屑、切削液和散逸磨削热的作用。砂轮的结构原理图如图 9-5 所示。

二、砂轮的选择

砂轮是用结合剂将磨料黏合而成的，磨料和结合剂的性能决定砂轮的韧性。

（1）磨料的选择　磨料是砂轮切削的特殊刃具，应按工件材料的不同选择磨料的成分，一般碳钢工件选用棕刚玉磨料；淬火钢、高速工具钢工件选用白刚玉磨料；铸铁、黄铜工件选用黑色碳化硅磨料；硬质合金工件选用绿色碳化硅磨料。

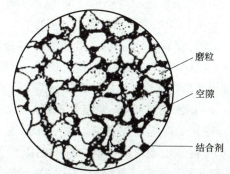

磨粒

空隙

结合剂

图 9-5　砂轮的结构原理图

（2）粒度的选择　粒度是磨粒尺寸大小的参数，通常用筛分颗粒的筛网上每英寸长度内的筛孔数量来表示，因此粒度号较大则磨粒尺寸较小。常用的粒度号是 F46～F80。粗磨时应选用粒度号较小（即磨粒较粗大）的砂轮，以提高生产率；精磨时应选用粒度号较大（即磨粒较细小）的砂轮，以减小加工表面粗糙度值。

（3）硬度的选择　砂轮的硬度是指结合剂黏结磨粒的牢固程度。砂轮硬表示磨粒难以脱落，砂轮软则磨粒较易脱落。磨削较硬材料时，磨粒容易钝化，应选用较软的砂轮，以使磨钝的磨粒及时脱落，露出锋锐的新磨粒，保持砂轮的自锐性；磨削较软材料时，应选用较硬的砂轮，防止磨粒过早脱落，充分发挥其切削作用。

（4）形状和尺寸的选择　砂轮的形状有平形、薄片形和筒形等，如图 9-6 所示。平形砂轮用于磨削外圆、内圆和平面等；薄片形砂轮用于切断与切槽；筒形砂轮用于端磨平面；单

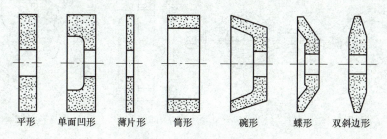

平形　　单面凹形　　薄片形　　筒形　　碗形　　蝶形　　双斜边形

图 9-6　砂轮的形状

面凹形（杯形）砂轮用于磨削内圆与平面。砂轮的形状和尺寸都已标准化，可按机床的规格和加工要求来选择。

第四节　磨削加工

一、外圆磨削

外圆磨削是指对工件圆柱、圆锥和多台阶轴外表面及旋转体外曲面进行的磨削。

1. 磨削运动

在外圆磨床上磨削外圆，包括以下几种运动（见图9-1a）。

（1）主运动　砂轮高速旋转。

（2）圆周进给运动　工件以本身的轴线定位进行旋转。工件圆周速度 v_w 一般为 13~26m/min。粗磨时 v_w 取大值，精磨时 v_w 取小值。

（3）纵向进给运动　工件沿着本身的轴线做往复运动。工件每转一转，工件相对砂轮的轴向移动距离就是纵向进给量 f，单位为 mm/r，一般 $f=(0.2~0.8)B$，B 为砂轮宽度。粗磨时取较大值，精磨时取较小值。

（4）横向进给运动　砂轮沿径向切入工件的运动。它在行程中一般是不进给的，而是在行程终了时周期地进给。横向进给量 f_Y 就是通常所说的磨削深度，指工作台每单行程或每双行程砂轮相对工件横向移动的距离。一般 $f_Y=0.005~0.05mm$。

2. 工件的安装及磨外圆的方法

在外圆磨床上磨削外圆的方法常用的有纵磨法和横磨法两种，而其中以纵磨法用得最多。

（1）工件的安装　磨削加工时，工件装夹是否正确、稳固、迅速和方便，不但影响工件的加工精度和表面粗糙度，还影响生产率和劳动强度，甚至在某些情况下还会造成事故。

磨外圆时，常用的装夹工件的方法有以下几种：

1）用前后顶尖装夹。磨床上采用的前、后顶尖都是固定顶尖。这样头架旋转部分的偏摆就不会反映到工件上来，用固定顶尖的加工精度比回转顶尖高。带动工件旋转的夹头，常用的有圆环夹头、鸡心夹头、对合夹头和自动夹紧夹头四种，如图9-7所示。

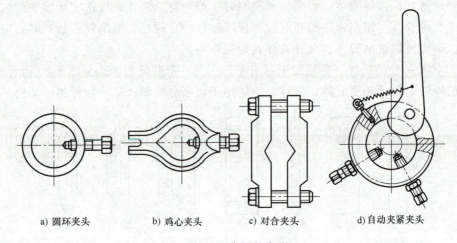

a) 圆环夹头　　b) 鸡心夹头　　c) 对合夹头　　d) 自动夹紧夹头

图9-7　常用的夹头

2）用心轴装夹。磨削套筒类零件时，常以内孔为定位基准，把零件套在心轴上，心轴再装夹在磨床的前、后顶尖上。常用的心轴有锥形心轴、带台肩圆柱心轴和带台肩可胀心轴等。

3）用自定心卡盘或单动卡盘装夹。磨削端面上不能钻中心孔的短工件时，可用自定心卡盘或单动卡盘装夹。单动卡盘特别适于夹持表面不规则的工件。

4）用卡盘与顶尖装夹。当磨削工件较长，一端能钻中心孔，一端不能钻中心孔时，可一端用卡盘，一端用顶尖装夹工件。

（2）磨外圆的方法

1）纵磨法。纵磨法磨外圆如图 9-8 所示。工件随工作台做往复直线运动（纵向进给），每一往复行程终了时，砂轮做周期性的横向进给。每次磨削背吃刀量很小，磨削余量是在多次往复行程中磨去的。纵磨时，因磨削背吃刀量小，磨削力小，磨削热小且散热好，加上最后做几次无横向进给的光磨行程，直到火花消失为止，所以磨削精度高，表面粗糙度值小。但生产率低，广泛应用于单件、小批生产及粗磨中，特别适用于细长轴的磨削。

2）横磨法。又称为切入磨法，如图 9-9 所示。磨削时，工件无纵向运动，而砂轮以慢速做连续或断续的横向进给，直到磨去全部余量。横磨法生产率高，但横磨时，工件与砂轮接触面大，磨削力大，发热量多，磨削温度高，工件易发生变形和烧伤，加工精度较低，表面粗糙度值较大。横磨法适用于大批量生产中，磨削长度短、刚性好、精度较低的外圆面及两侧都有台肩的轴颈，尤其是成形面，只要将砂轮修整成形，就可直接磨出。

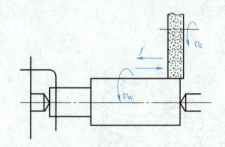

图 9-8　纵磨法磨外圆

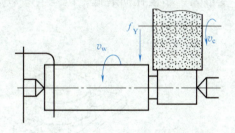

图 9-9　横磨法磨外圆

二、磨平面

1. 工件的安装

磨平面一般使用平面磨床，平面磨床工作台通常采用电磁吸盘来安装工件，对于钢、铸铁等导磁性工件可直接安装在工作台上；对于铜、铝等非磁性工件，要通过精密平口钳等装夹。电磁吸盘是按电磁铁的磁效应原理设计制造的。工件安放在电磁吸盘上通过磁力作用将工件吸住，如图 9-10 所示。

2. 磨平面的方法

平面磨削的方法通常有周磨和端磨两种。

1）周磨是用砂轮的轮缘面磨削平面，磨削时

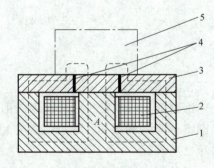

图 9-10　电磁吸盘原理

1—钢制吸盘体　2—线圈　3—钢制
盖板　4—隔磁层　5—工件

主运动是砂轮的高速旋转运动，纵向进给运动是工件的纵向往复运动或圆周运动。工件与砂轮的接触面积小，磨削热少，排屑容易，冷却与散热条件好，砂轮磨损均匀，磨削精度高。平面磨床的周磨加工方法如图 9-11 所示。

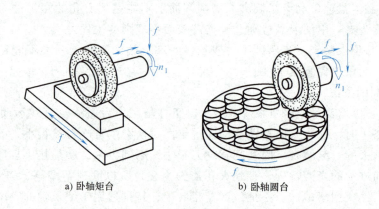

a) 卧轴矩台　　　　　　　　　b) 卧轴圆台

图 9-11　平面磨床的周磨加工方法

2）端磨是用砂轮的端面进行磨削，磨削时主运动是砂轮的高速旋转运动，工作台做纵向往复进给或圆周进给，砂轮做轴向垂直进给，如图 9-12 所示。由于砂轮轴立式安装，刚度好，可采用较大的磨削用量且工件与砂轮的接触面积大，磨削热多，冷却与散热条件差，工件变形大，精度比周磨低，但是生产率明显高于周磨。

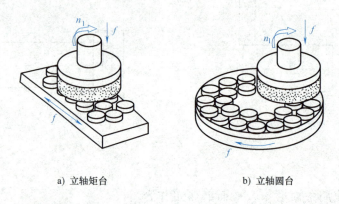

a) 立轴矩台　　　　　　　　　b) 立轴圆台

图 9-12　平面磨床的端磨加工方法

三、内圆磨削

内圆磨削是用砂轮外圆周面来磨削工件的各种内孔（包括圆柱形通孔、不通孔、阶梯孔及圆锥孔等）和端面，它可以在专用的内圆磨床上进行，也能在具备内圆磨头的万能外圆磨床上实现。

这种磨削方式按照工件与砂轮的相互运动关系有下列两种：

1）工件夹持在工作头上，并做固定位置回转运动，砂轮在心轴上转动，并在孔内做往复运动，如图 9-13 所示。此种方式最常使用。

2）砂轮在固定心轴上转动，工件回转且做往复运动，如图 9-14 所示。

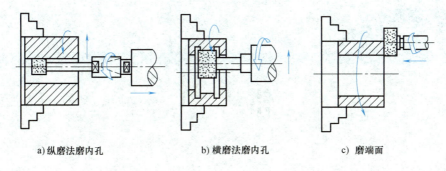

a) 纵磨法磨内孔　　　　　b) 横磨法磨内孔　　　　　c) 磨端面

图 9-13　普通内圆磨床的磨削方法（一）

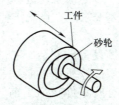

图 9-14　普通内圆磨床的磨削方法（二）

习题与思考题

1. 磨削的实质是什么？
2. 磨削加工的特点是什么？
3. 什么是砂轮的硬度？
4. 万能外圆磨床主要由哪几部分组成？各有何作用？
5. 磨削外圆和平面时，工件和砂轮需做哪些运动？
6. 磨外圆时工件装夹方法有哪几种？
7. 常用的外圆磨削方法有哪几种？
8. 平面磨削常用的方法有哪几种？各有何特点？应如何选用？

第十章

钳　工

第一节　概　述

钳工是使用钳工工具或设备，按技术要求对工件进行加工、修整和装配的工种。其特点是手工操作多，灵活性强，工作范围广，技术要求高，且操作者本身的技能水平直接影响加工质量。

一、钳工基本知识

钳工的工作范围很广。如各种机械设备的制造，首先是从毛坯经过切削加工和热处理等步骤成为零件，然后通过钳工把这些零件按机械的各项技术精度要求进行组件、部件装配和总装配，才能成为一台完整的机械；有些零件在加工前，还要通过钳工来进行划线；有些零件的技术要求，采用机械方法不太适宜或不能解决，也要通过钳工工作来完成。

1. 钳工的基本操作

钳工的基本操作包括：①划线；②锉削；③錾削；④锯削；⑤钻孔、扩孔、锪孔、铰孔；⑥攻螺纹、套螺纹；⑦刮削；⑧研磨；⑨装配。

2. 钳工常用的设备

（1）钳工工作台（见图 10-1）　钳工工作台（简称钳台）常用硬质木板或钢材制成，工作台面高度为 800~900mm，台面上装有台虎钳和防护网。

（2）台虎钳　台虎钳是专门夹持工件用的。台虎钳的规格指钳口的宽度，常用的钳口宽度为 100~150mm，其类型有固定式和回转式两种。由于回转式台虎钳（见图 10-2）的钳身可以相对于底座回转，能满足各种不同方位的加工需要，因此使用方便，应用广泛。

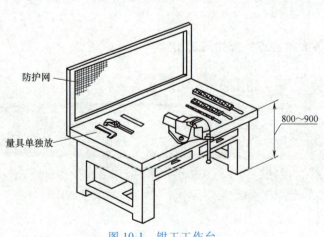

图 10-1　钳工工作台

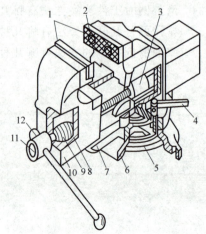

图 10-2　回转式台虎钳

1—钳口　2—螺钉　3—螺母　4、12—手柄
5—夹紧盘　6—转盘座　7—固定钳身　8—挡圈
9—弹簧　10—活动钳身　11—丝杠

二、钳工的安全操作规程

钳工的安全操作规程见表 10-1。

表 10-1　钳工的安全操作规程

序号	安 全 规 程
1	操作前应按规定穿戴好劳动保护用品,女工的发辫必须纳入帽内,如使用电动设备工具要按规定检查接地线,并采取绝缘措施
2	禁止使用有裂纹、带毛刺、手柄松动等不合要求的工具,并严格遵守常用工具安全操作规程
3	钻孔、打锤不准戴手套,使用钻床钻孔时,必须遵守"钻床安全操作规程"
4	清除铁屑必须采用工具,禁止用手拿及用嘴吹
5	剔、铲工件时,正面不得有人,在固定的工作台上剔、铲工件前面,应设挡板或铁丝防护网

第二节　划　　线

划线是指根据图样要求,用划线工具在毛坯或半成品工件上划出加工图形或加工界线的操作。

1. 划线的基准工具

（1）**划线平板**　划线平板由铸铁制成,其上平面是划线的基准平面,要求非常平直和光洁。平板长期不用时,应涂油防锈,并加盖保护罩,如图 10-3 所示。

（2）**划线方箱**　划线方箱是由铸铁制成的空心立方体,各相邻的两个面均互相垂直。方箱用于夹持、支承尺寸较小而加工面较多的工件。通过翻转方箱,便可在工件的表面上划出互相垂直的线条,如图 10-4 所示。

图 10-3　划线平板

图 10-4　划线方箱

2. 绘划工具

（1）**划针**（见图 10-5）　用直径为 3~4mm 的弹簧钢丝制成,或是用碳钢钢丝在端部焊

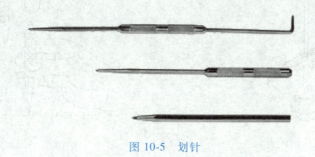

图 10-5　划针

上硬质合金磨尖而成。划线时划针针尖应紧贴钢直尺移动。

（2）划规（见图 10-6） 用于划圆或弧线、等分线段及量取尺寸等。

图 10-6 划规

（3）划卡（或称为单脚划规，见图 10-7） 主要用于确定轴或孔的中心位置。

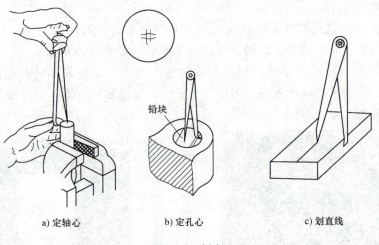

a) 定轴心   b) 定孔心   c) 划直线

图 10-7 划卡

（4）划线盘 立体划线和找正工件位置时用的工具，如图 10-8 所示。

（5）样冲 样冲是在划出的线条上打出样冲眼的工具。样冲及其用途如图 10-9 所示。

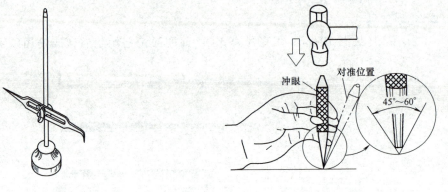

图 10-8 划线盘   图 10-9 样冲及其用途

工件划线后，在搬运、装夹等过程中可能将线条摩擦掉，为保持划线标记，通常要用样冲在已划好的线上打上小而均布的冲眼。冲眼时，将样冲斜着放在划线上，锤击前再竖直，以保证冲眼的位置准确。在划圆及钻孔前，也应在其中心打出中心样冲眼。

3. 量具

（1）游标高度卡尺　游标高度卡尺也称为高度尺，如图 10-10 所示，主要用于测量工件的高度，另外还经常用于测量形状和位置公差尺寸，有时也用于划线。

（2）直角尺　直角尺用于检测工件的垂直度及工件相对位置的垂直度，如图 10-11 所示。

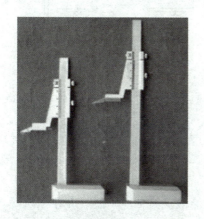

图 10-10　游标高度卡尺

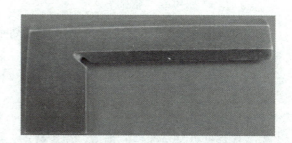

图 10-11　直角尺

4. 夹持工具

（1）V 形铁　用于支承圆柱形工件，使工件轴线与平板平面平行，便于找出中心和划出中心线。较长的工件可放在两个等高的 V 形铁上，如图 10-12 所示。

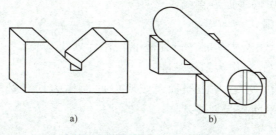

a)　　　　　　　　　　b)

图 10-12　V 形铁及其使用

（2）千斤顶　用于平板上支承较大及不规则工件时使用，其高度可以调整，以便找正工件。通常用三个千斤顶支承工件，如图 10-13 所示。

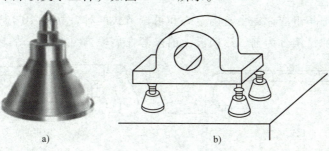

a)　　　　　　　　　　b)

图 10-13　千斤顶及其使用

5. 划线的种类

划线分为平面划线和立体划线两种，如图 10-14 和图 10-15 所示。

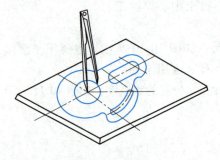

图 10-14　平面划线

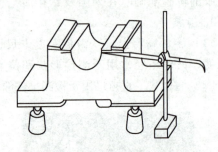

图 10-15　立体划线

（1）平面划线　在工件的一个平面上划线，能明确表示加工界限，它与平面作图法类似。

（2）立体划线　在工件的几个相互成不同角度的表面（通常是相互垂直的表面）上划线，即在长、宽、高三个方向上划线。

6. 划线基准

在零件的许多点、线、面中，用少数点、线、面能确定其他点、线、面相互位置，这些少数的点、线、面被称为划线基准。

平面划线时，通常要选择两个相互垂直的划线基准，而立体划线时，通常要确定三个相互垂直的划线基准。

（1）划线基准的类型　两个相互垂直的平面或直线，一个平面或直线和一个对称平面或直线，两个互相垂直的中心平面或直线。

（2）基准的选择原则

1）根据零件图上标注尺寸基准（设计基准）作为划线基准。

2）选择重要孔的中心线作为划线基准。

3）如果工件上已有一个已加工表面，则应以此面作为划线基准；如果都是未加工表面，则应以较平整的大平面作为划线基准。

第三节　锯　　削

用手锯把材料或工件分割开，或在工件上开槽的操作称为锯削。

一、手锯的构造

手锯由锯弓和锯条组成。锯弓有固定式和可调节式两种，如图 10-16 所示。一般都选用可调节式锯弓，这种锯架分为前、后两段。前段套在后段内可伸缩，故能安装几种长度规格

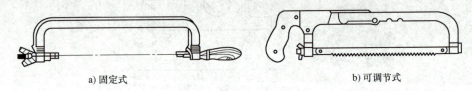

a) 固定式　　　　　　　　　　　　　　b) 可调节式

图 10-16　锯弓的构造

的锯条，具有灵活性，因此得到广泛应用。

两种锯弓各有一个夹头。夹头上的销子插入锯条的安装孔后，可通过旋转翼形螺母来调节锯条的张紧程度。

锯条的规格是以两端安装孔的中心距来表示的。常用的锯条规格是 300mm，其宽度为 10～25mm，厚度为 0.6～1.25mm。

锯齿的粗细是按锯条上每 25mm 长度内齿数表示的。14～18 个齿数为粗齿，24 个齿数为中齿，32 个齿数为细齿。

二、锯削工作

1. 锯条的安装（见图 10-17）

锯条的安装要遵循以下三点：①锯齿应向前；②松紧适中，否则锯削时容易折断；③锯条无扭曲。

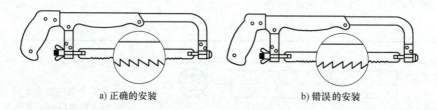

a) 正确的安装　　　　　　　b) 错误的安装

图 10-17　锯条的安装

2. 工件的夹持

工件一般应夹在台虎钳的左边，以便操作；工件伸出钳口不应过长，应使锯缝离开钳口侧面 20mm 左右，防止工件在锯削时产生振动；锯缝线条要与钳口侧面保持平行，便于控制锯缝不偏离划线线条；夹紧要牢靠，同时要避免将工件夹变形和夹坏已加工面。

3. 起锯方法（见图 10-18）

起锯时利用锯条的前端（远起锯）或后端（近起锯），靠在一个面的棱边上起锯。

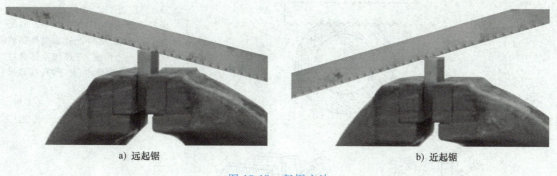

a) 远起锯　　　　　　　　　　b) 近起锯

图 10-18　起锯方法

起锯时，锯条与工件表面倾斜角约为 15°，最少要有三个齿同时接触工件。为了起锯平稳准确，可用拇指挡住锯条，使锯条保持在正确的位置。起锯姿势如图 10-19 所示。

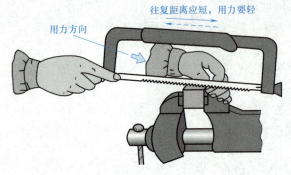

图 10-19 起锯姿势

三、典型材料的锯削

几种常用典型材料的锯削方法见表10-2。

表 10-2　几种常用典型材料的锯削方法

材料	图　例	锯削方法
棒料		若要求锯削断面平整，则应从开始起连续锯到结束。若断面要求不高，则可分几个方向锯下，锯到一定程度，用锤子将棒料击断
扁钢		从扁钢较宽的面下锯，这样可使锯缝的深度较浅而整齐。反之，若从窄面往下锯，由于只有少数锯齿与工件接触，容易产生锯齿崩缺，工件越薄，锯齿越容易被工件的棱边钩住而折断
管子		锯削薄壁管时，应先在一个方向锯到管子内壁处，然后把管子向推锯的方向转过一定角度，并接连原锯缝再锯到管子的内壁处，如此不断，直到锯断为止
深缝锯削	a)　　　　　　　　　b)	当锯缝深度超过锯弓高度时，可将锯条转过 90°，重新装夹后再锯

（续）

材料	图　例	锯削方法
薄板	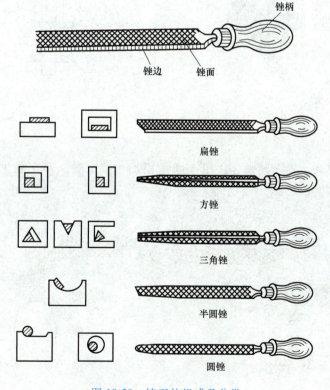	可将薄板夹在两木块之间进行锯削，或手锯做横向斜推锯

第四节　锉　　削

锉削是利用锉刀对工件材料进行切削加工的操作。 锉削加工简便，工作范围广，多用于錾削、锯削之后，锉削可对工件上的平面、曲面、内外圆弧、沟槽以及其他复杂表面进行加工。

1. 锉刀的材料及构造

锉刀常用碳素工具钢 T10、T12 制成，并经热处理淬硬到 62~67HRC（洛氏硬度）。

锉刀由锉面、锉边和锉柄组成，如图 10-20 所示。按截面形状不同可分为扁锉、方锉、半圆锉、三角锉和圆锉等。

锉柄

锉边　　锉面

扁锉

方锉

三角锉

半圆锉

圆锉

图 10-20　锉刀的组成及分类

2. 锉刀的选用原则

（1）锉刀断面形状的选用 锉刀的断面形状应根据被锉削零件的形状来选择，使两者的形状相适应。锉削内圆弧面时，要选择半圆锉或圆锉（小直径的工件）；锉削内角表面时，要选择三角锉；锉削内直角表面时，可以选用扁锉或方锉等。选用扁锉锉削内直角表面时，要注意使锉刀没有齿的窄面（光边）靠近内直角的一个面，以免碰伤该直角表面。

（2）锉刀齿的粗细选择 锉刀齿的粗细要根据加工工件的余量大小、加工精度、材料性质来选择。粗齿锉刀适用于加工大余量、尺寸精度低、几何公差大、表面粗糙度值大、材料软的工件（如铜、铅等）；反之应选择细齿锉刀。使用时，要根据工件要求的加工余量、尺寸精度和表面粗糙度的大小来选择。

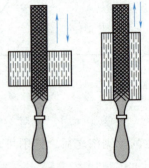

3. 锉削的方法

（1）顺向锉法 采用顺向锉法时，锉刀的运动方向与工件夹持方向始终一致，如图 10-21 所示。

（2）交叉锉法 采用交叉锉法时，锉刀的运动方向与工件夹持方向成 30°~40°，如图 10-22 所示。

图 10-21 顺向锉法

（3）推锉法 当锉削狭长平面或采用顺向锉削受阻时，可采用推锉法，如图 10-23 所示。

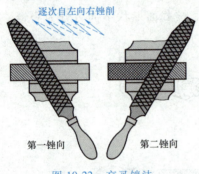

第一锉向　　　第二锉向

图 10-22 交叉锉法

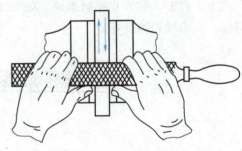

图 10-23 推锉法

（4）曲面锉削

1）外圆弧的锉削。横向圆弧锉法用于圆弧粗加工，滚锉法用于精加工或余量较小时，如图 10-24 所示。

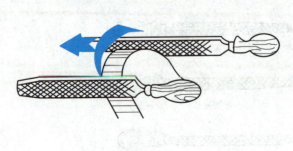

a) 横向圆弧锉法

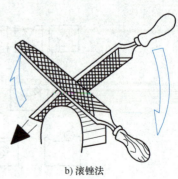

b) 滚锉法

图 10-24 外圆弧的锉削

2）内圆弧的锉削。内圆弧锉削选用半圆锉，锉刀同时完成前进运动、向左或向右移动、绕锉刀中心线转动等，如图 10-25 所示。

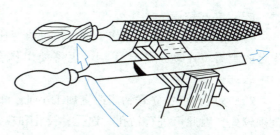

图 10-25 内圆弧的锉削

4. 锉刀使用及安全注意事项

1）不使用无柄或柄已裂开的锉刀，防止刺伤手腕。

2）不能用嘴吹铁屑，防止铁屑飞进眼睛。

3）锉削过程中不要用手抚摸锉面，以防锉时打滑。

4）锉面堵塞后，用铜锉刷顺着齿纹方向刷去铁屑。

5）锉刀放置时不应伸出钳台以外，以免碰落砸伤脚。

第五节 钻 孔

钳工加工孔的方法有钻孔、扩孔、铰孔和锪孔等。选择不同的加工方法所得到的精度、表面粗糙度不同。合理地选择加工方法有利于降低成本，提高工作效率。

用钻头在实体材料上加工孔的操作称为钻孔。钻孔时，由于钻头的刚性和精度较差，因此钻孔加工公差等级不高，一般在 IT10 以下，表面粗糙度值 Ra 为 $50 \sim 12.5 \mu m$，所以只能用来加工要求不高的孔或作为孔的粗加工。

一、钻床

1. 钻床的种类及其加工特点

钻床的种类很多，常用的钻床有台式钻床、立式钻床和摇臂钻床，如图 10-26 所示。下面简单介绍各种常用钻床的操作特点和适用场合。

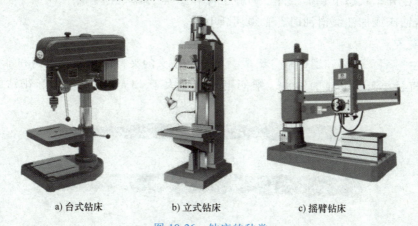

a) 台式钻床　　　　b) 立式钻床　　　　c) 摇臂钻床

图 10-26 钻床的种类

（1）台式钻床

1）操作特点：钻孔时，拨动手柄使主轴上下移动，以实现进给和退刀。钻孔深度通过调节标尺杆上的螺母来控制。

2）适用场合：台式钻床转速高，使用灵活，效率高，适用于较小工件的钻孔。由于其最低转速较高，故不适宜进行锪孔和铰孔加工。

（2）立式钻床

1）操作特点：通过操作手柄，使进给变速箱沿立柱导轨上下移动，从而调节主轴至工作台的距离。摇动工作台手柄，也可使工作台沿立柱导轨上下移动，以适应不同尺寸的加工。

2）适用场合：立式钻床适宜加工小批、单件的中型工件。由于主轴变速和进给量调整范围较大，因此可进行钻孔、锪孔、铰孔和攻螺纹等加工。

（3）摇臂钻床

1）操作特点：摇臂钻床操作灵活省力，钻孔时，摇臂可沿立柱上下升降和绕立柱在360°范围内回转。主轴变速箱可沿摇臂导轨做大范围移动，便于钻孔时找正钻头的加工位置。摇臂和主轴变速箱位置调整结束后，必须锁紧，防止钻孔时产生摇晃而发生事故。可在大型工件上钻孔或在同一工件上钻多孔，最大钻孔直径可达80mm。

2）适用场合：摇臂钻床的主轴变速范围和进给量调整范围广，所以加工范围广泛，可用于钻孔、锪孔、铰孔和攻螺纹等加工。

2. 钻床的操作注意事项

1）操作钻床时不可戴手套，袖口必须扎紧，戴好安全帽。

2）工件必须夹紧，特别是在小工件上钻较大直径的孔时装夹必须牢固，孔将要钻穿时要减小进给力。

3）开动钻床前，应检查是否有紧固扳手或斜铁插在转轴上。

4）钻孔时，不可用手和棉纱或用嘴吹来清除切屑，必须用短毛刷清除切屑。

5）操作者的头部不可与旋转着的主轴靠得太近，停车时应让主轴自然停止，不可用手接触还在旋转着的部位，也不能用反转来制动。

6）严禁在开车状态下装拆工件、检验工件和变换主轴转速。

7）清洁钻床或加注润滑油时，必须切断电源。

二、麻花钻

麻花钻由柄部、颈部和工作部分组成。柄部是钻头的夹持部分，有直柄和锥柄两种。直柄一般用于直径小于13mm的钻头，锥柄用于直径大于13mm的钻头。麻花钻的组成如图10-27所示。

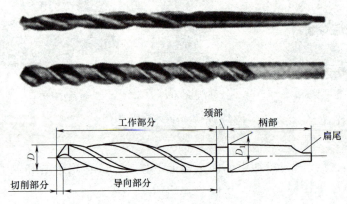

图10-27 麻花钻的组成

三、孔的加工

1. 工件的装夹方法

钻孔前一般都须将工件装夹固定，工件的装夹方法见表 10-3。

表 10-3　工件的装夹方法

装夹方法	图　例	注意事项
用手握持		1）钻孔直径在 8mm 以下 2）工件握持边应倒角 3）孔将要钻穿时，进给量要小
用平口钳夹持工件		直径在 8mm 以上或用手不能握牢的小工件
用 V 形块配以压板夹持	 a)　　　　　b)	1）钻头轴线位于 V 形块的对称中心 2）钻通孔时，应将工件钻孔部位离 V 形块端面一段距离，避免将 V 形块钻坏
用压板夹持工件	 可调垫铁　压板　工件 a)　　　　　b)	1）钻孔直径在 10mm 以上 2）压板后端需根据工件高度用垫铁调整
用钻床夹具夹持工件		适用于钻孔精度要求高，零件生产批量大的工件

2. 钻孔操作

（1）钻头的装拆　直柄钻头是用钻夹头夹紧后装入钻床主轴锥孔内的，可用钻夹头紧固扳手夹紧或松开钻头。锥柄钻头可通过钻头套变换成与钻床主轴锥孔相适宜的锥柄后装入钻床主轴，连接时应将钻头锥柄及主轴锥孔与过渡钻头套擦拭干净，对准腰形孔后用力插入。拆钻头时用斜铁插入腰形孔，轻击斜铁后部，将钻头和套退下。钻头的装拆如图 10-28 所示。

（2）转速的调整　用直径较大的钻头钻孔时，主轴转速应较低；用小直径的钻头钻孔时，主轴转速可较高，但进给量要小些。主轴的变速可通过调整带轮组合来实现。

（3）起钻　钻孔时，先使钻头对准钻孔中心起钻出一个浅坑，观察钻孔位置是否正确。

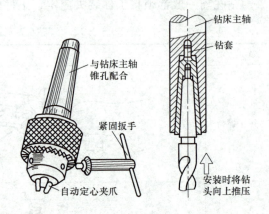

图 10-28　钻头的装拆

如偏位，需进行校正。校正方法为：如偏位较少，可在起钻的同时用力将工件向偏位的反方向推移，得到逐步校正；如偏位较多，可在校正中心打上几个样冲眼或用錾子凿出几条槽来加以纠正。必须注意的是，无论哪种方法都必须在锥坑外圆小于钻头直径前完成。

（4）手动进给　进给时，用力不应过大，否则钻头易产生弯曲；钻小直径孔或深孔时要经常退出钻头排屑；孔将要钻穿时，进给力必须减小，以防造成扎刀现象。

第六节　孔的其他加工方法

一、扩孔

用扩孔钻或麻花钻等扩大工件孔径的方法，称为扩孔。扩孔钻和扩孔加工分别如图 10-29 和图 10-30 所示。

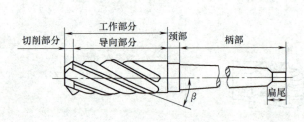

图 10-29　扩孔钻

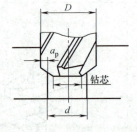

图 10-30　扩孔加工

扩孔加工具有以下特点：
1）因在原孔的基础上扩孔，所以切削量较小且导向性好。
2）切削速度较钻孔时小，但可以增大进给量和改善加工质量。
3）排屑容易，加工表面质量好。
4）扩孔加工一般可作为铰孔的前道工序。

二、锪孔

用锪孔钻在孔口表面加工出一定形状的孔或表面，称为锪孔。锪孔的类型主要有：锪圆柱形沉孔、圆锥形沉孔以及锪孔口的凸台面等。不同类型锪孔钻的结构如图 10-31 所示。

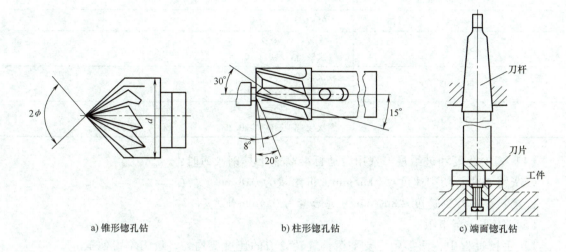

a) 锥形锪孔钻　　　　　　b) 柱形锪孔钻　　　　　　c) 端面锪孔钻

图 10-31　不同类型锪孔钻的结构

三、铰孔

用铰刀从工件的孔壁上切除微量金属层，以得到精度较高孔的加工方法，称为铰孔。

（1）铰刀的种类　按使用方式不同，铰刀可分为机用铰刀和手用铰刀；按所铰孔的形状不同又可分为圆柱形铰刀和圆锥形铰刀；按容屑槽的形状不同可分为直槽铰刀和螺旋槽铰刀；按结构组成不同可分为整体式铰刀和可调式铰刀。

（2）铰刀的构造　铰刀由工作部分、颈部和柄部组成。工作部分由切削部分、校准部分和倒锥部分组成。铰刀的构造如图 10-32 所示。

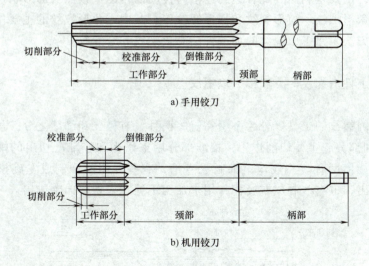

a) 手用铰刀

b) 机用铰刀

图 10-32　铰刀的构造

（3）铰削余量的选择　铰削余量应根据铰孔精度、表面粗糙度、孔径大小、材料硬度和铰刀类型来确定。铰削余量见表 10-4。

表 10-4　铰削余量

铰刀直径/mm	铰削余量/mm
<6	0.05 ~ 0.1
>6 ~ 18	一次铰：0.1 ~ 0.2 二次铰、精铰：0.1 ~ 0.15
>18 ~ 30	一次铰：0.2 ~ 0.3 二次铰、精铰：0.1 ~ 0.15
>30 ~ 50	一次铰：0.3 ~ 0.4 二次铰、精铰：0.15 ~ 0.25

（4）切削速度和进给量　选用普通标准高速工具钢铰刀时：

铰灰铸铁孔：切削速度≤10m/min，进给量为 0.8mm/r 左右。

铰钢料孔：切削速度≤8m/min，进给量为 0.4mm/r 左右。

（5）铰孔注意事项

1）手铰过程中，两手用力要平衡，旋转铰刀的速度要均匀，铰刀不得偏摆。

2）工件要夹正，对薄壁零件的夹紧力不要过大。

3）铰刀不能反转，退出时也要顺转。

4）若铰刀被卡住，不能猛力扳转铰刀，以防损坏铰刀。

5）机铰时，要注意机床主轴、铰刀和工件上所要铰的孔三者间的同轴度误差是否符合要求。

第七节　攻螺纹和套螺纹

螺纹是指在圆柱或圆锥的表面上制出的螺旋线形且具有特定截面的连续凸起部分。螺纹的用途比较广泛，主要是利用其配合达到连接与传动的目的。按照截面形状可将螺纹分为以下几种类型：三角形螺纹、矩形螺纹和梯形螺纹等。其中三角形螺纹的主要作用是连接。螺纹有很多种加工方法，钳工中螺纹的加工方法有攻螺纹和套螺纹。

一、攻螺纹

用丝锥加工工件内螺纹的方法称为攻螺纹。

1. 丝锥

丝锥是加工内螺纹的工具。分为手用和机用两种，有粗牙和细牙之分。丝锥的组成如图 10-33 所示。切削部分起主要切削作用，校准部分用来修光和校准已切出的螺纹。丝锥的容屑槽有直槽和螺旋槽两种。一般丝锥都制成直槽，有些专用丝锥制成左旋槽，用来加工通孔，切屑向下排出，也有些制成右旋槽，用来加工不通孔，切屑向上排出。

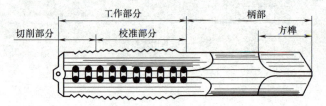

图 10-33　丝锥的组成

手用丝锥为减小切削力和提高其寿命，一般将切削量分配给几支丝锥来承担。因此，丝锥可分为三支一组或两支一组两种类型。M6~M24 的丝锥为两支一组；小于 M6 的丝锥，攻螺纹时易折断，为三支一组；大于 M24 的丝锥，使用时切削力较大，也为三支一组。

2. 铰杠

铰杠是用来夹持丝锥进行攻螺纹加工的工具，可分为普通铰杠和丁字铰杠，每种铰杠又可分为固定式和活络式两种，如图 10-34 所示。攻制 M5 以下的螺纹孔，多使用固定式。活络式铰杠的方孔尺寸可调节，规格以柄长表示，常用于夹持 M6~M24 的丝锥。

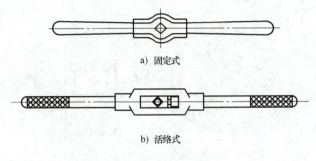

a) 固定式

b) 活络式

图 10-34　铰杠

3. 螺纹底孔直径

用丝锥加工螺纹时，螺纹底孔直径应大于螺纹小径，否则就会将丝锥扎住或挤断。螺纹底孔大小要根据工件材料的塑性和螺纹孔的大小来决定，可用下式计算钻螺纹底孔用钻头的直径：

（1）加工塑性材料时

$$d_a = D - P \tag{10-1}$$

式中　d_a——底孔钻头直径（mm）；

　　　D——螺纹大径（mm）；

　　　P——螺距（mm）。

（2）加工脆性材料时

$$d_a = D - (1.05 \sim 1.1) P \tag{10-2}$$

攻不通孔螺纹时，钻孔深度要大于螺纹孔的深度，一般增加 $0.7D$ 的深度。

4. 攻螺纹的注意事项

1）攻螺纹前，应先在底孔孔口处倒角，其直径略大于螺纹大径。

2）开始攻螺纹时，应将丝锥放正，用力要适当。

3）当切入 1~2 圈时，要仔细观察和校正丝锥的轴线方向，要边工作、边检查、边校准。当旋入 3~4 圈时，丝锥的位置应正确无误，转动铰杠丝锥将自然攻入工件，决不能对丝锥施加压力，否则将破坏螺纹牙型。

4）工作中，丝锥每转 1/2 圈至 1 圈时，丝锥要倒转 1/2 圈，将切屑切断并挤出，尤其是攻不通孔螺纹孔时，要及时退出丝锥排屑。

5）攻螺纹过程中，换用后一支丝锥攻螺纹时要用手将丝锥旋入已攻出的螺纹中，至不能再旋入时，再改用铰杠夹持丝锥工作。

6）在塑料上攻螺纹时，要加机油或切削液润滑。

7）将丝锥退出时，最好卸下铰杠，用手旋出丝锥，保证螺纹孔的质量。

二、套螺纹

用板牙在圆柱或圆锥等表面加工出外螺纹的方法称为套螺纹。

1. 圆板牙

圆板牙是加工外螺纹的工具，其外形像一个圆螺母。在它的上面钻有几个排屑孔并形成切削刃。圆板牙由切削部分、校准部分和排屑孔组成。圆板牙的结构如图 10-35 所示。

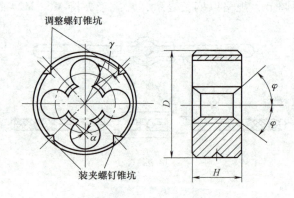

图 10-35　圆板牙的结构

2. 板牙架

板牙架是装夹板牙的工具，常用的板牙架如图 10-36 所示。

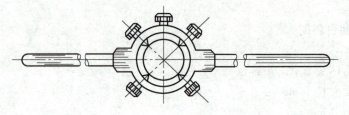

图 10-36　常用的板牙架

3. 套螺纹前圆杆直径的确定

套螺纹前圆杆的直径应稍小于螺纹大径，一般圆杆直径用下式计算：

$$d_c = D - 0.13P \tag{10-3}$$

式中　d_c——套螺纹前圆杆直径（mm）；

D——螺纹大径（mm）；

P——螺距（mm）。

4. 套螺纹的注意事项

1）套螺纹前，圆杆端部应倒成 15°~ 20°的锥角，圆杆直径应稍小于螺纹大径，以便板牙切入，且螺纹端部不出现锋口。

2）圆杆应衬在木板或其他软垫中，在台虎钳中夹紧。套螺纹部分伸出尽量短。

3）套螺纹开始时，板牙要放正。转动板牙架时压力要均匀，转动要慢，并观察板牙是否歪斜。板牙旋入工件切出螺纹时，只转动板牙架，不施加压力。

4）板牙转动 1 圈左右要倒转 1/2 圈进行断屑和排屑。

5）在钢件上套螺纹时要加切削液润滑，以使切削省力，保证螺纹质量。

习题与思考题

1. 使用台虎钳时应注意什么？
2. 划线前应做好哪些准备工作？
3. 为什么攻螺纹时工件直径要略大于螺纹小径？
4. 试述锯削时锯齿崩裂的主要原因。
5. 锉刀选用的原则是什么？

第四篇

现代制造技术训练

第十一章

数控机床编程及加工

第一节 概 述

数控编程就是将加工零件的加工顺序、刀具运动轨迹及尺寸数据、工艺参数（主运动和进给运动速度、背吃刀量）以及辅助操作（换刀、主轴正反转、切削液开关等）信息，用规定的文字、数字、符号组成的代码，按一定格式编写成加工程序。本章针对常用的数控设备——数控车床和三轴加工中心介绍其编程及加工方法。

一、数控车床简介

数控车床是在传统车床的基础上发展而来的，主要包括床身、主轴、刀架和尾座等机械部分，伺服电动机及其驱动器、数控系统、PLC、测量反馈系统以及机床 I/O 口等。SK40P数控车床主要部件如图 11-1 所示。

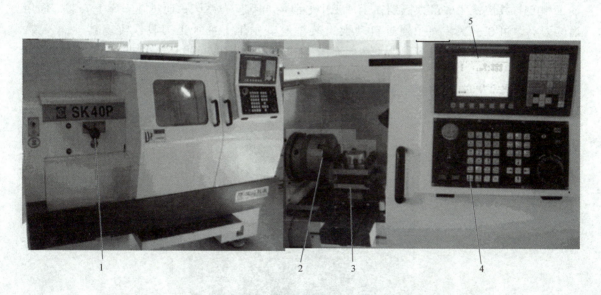

图 11-1 SK40P 数控车床主要部件

1—主轴变速档位手柄 2—自定心卡盘 3—刀架 4—控制面板 5—显示器

数控车床适用于中小批量生产，常用来加工轴套类零件、轮盘类零件以及其他形状零件上的圆柱或孔结构，如箱体、支架等，除了可以用于加工普通车床可以加工的外圆、端面、内孔、螺纹和槽等以外，尤其适合加工轴向尺寸精度要求高、形状复杂的零件。一台数控车床的具体加工范围还受其性能参数的影响，SK40P 数控车床的性能参数见表 11-1。

表 11-1 SK40P 数控车床的性能参数

项　　目	参 数 值	作　　用
床身上最大回转直径/mm	$\phi 400$	工件最大回转直径
床鞍上最大回转直径/mm	$\phi 200$	工件在床鞍上最大回转直径
最大切削直径/mm	$\phi 400$	工件可加工最大直径
最大工件长度/mm	960	工件可安装最大长度
最大切削长度/mm	820	工件可加工最大长度
主轴孔径/mm	$\phi 77$	通过主轴工件的最大直径
主轴转速/(r/min)	3 档无级:高速档:162~1620,中速档:66~660,低速档:21~210	加工中可设置的转速范围
主轴最大转矩/N·m	800	可切削产生的最大转矩
快进速度(max)/(mm/min)	X 轴 6000,Z 轴 8000	刀架运动的最大速度
刀架装刀容量	4	装刀数量
刀架最大截面/mm×mm	25×25	安装刀柄的尺寸规格
尾座套筒锥度(MT No.)	MT No. 5	锥柄钻头或顶尖安装规格
数控系统	FANUC 0i-Mate TC	编程指令系统

二、数控加工中心简介

　　加工中心（Machining Center，MC）是从数控铣床发展而来的，加工中心同数控车床、数控铣床类似，也是由计算机数控系统、伺服系统、机械本体和液压系统等各部分组成的，加工中心与数控铣床的最大区别在于加工中心具有自动换刀系统，通过在刀库上安装不同用途的刀具，可在一次装夹中通过自动换刀装置改变主轴上的加工刀具，实现钻、铣、镗、扩、铰、攻螺纹和切槽等多种加工功能。图 11-2 所示为 VDL-600A 立式加工中心的结构。

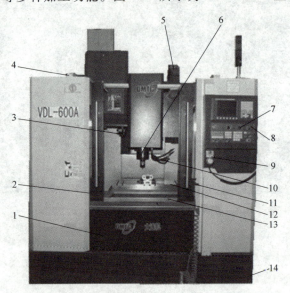

图 11-2　VDL-600A 立式加工中心的结构

1—机床床身　2—防护门　3—换刀机械臂　4—刀库　5—护线架　6—主轴
7—警示灯　8—数控系统及操作面板　9—手摇脉冲发生器　10—切削液喷管
11—气动喷枪　12—工作台　13—X/Y 数控拖板　14—排屑器

加工中心已成为现代机床发展的主流方向，与普通机床相比，它具有刀库和自动换刀装置，能通过程序和手动控制自动换刀，在一次装夹中完成铣、镗、钻、扩、铰和攻螺纹等加工，工序高度集中；加工中心通常具有多个进给轴（三个以上），甚至多个主轴。由于联动的轴数较多，故能够自动完成多个平面和多个角度位置的加工，实现复杂零件的高精度定位和精确加工；加工中心上如果带有自动交换台，则可实现一个工作台加工工件的同时，另一个工作台装夹待加工的工件，从而大大缩短辅助时间，提高加工效率。

加工中心适用于复杂、工序多、精度要求高、需用多种类型普通机床和多种刀具、工装夹具，经过多次装夹和调整才能完成加工的零件。其主要加工对象如下：

1) **既有平面又有孔系的零件**。如图 11-3a 所示的箱体类零件，有很多相对位置精度要求较高的孔系需要加工。加工中心具有自动换刀装置，在一次安装中，可以完成零件上平面的铣削，以及孔系的钻削、镗削、铰削、铣削及攻螺纹等多工步加工。加工的部位可以在一个平面上，也可以在不同的平面上，常见的有箱体类零件和盘、套、板类零件。

2) **结构形状复杂、普通机床难加工的零件**。主要表面是由复杂曲线、曲面组成的零件，如图 11-3b 所示的整体叶轮，加工时，需要多坐标联动加工，这在普通机床上是难以甚至无法完成的，加工中心刀具可以自动更换，工艺范围更宽，是加工这类零件的最有效的设备。常见的有凸轮类、整体叶轮类和模具类零件等。

3) **外形不规则的异形零件**。如图 11-3c 所示的零件，由于外形不规则，在普通机床上只能采取工序分散的原则加工，需用工装较多，周期较长。利用加工中心多工位点、线、面混合加工的特点，可以完成大部分甚至全部工序内容。

a)　　　　　　　　　　b)　　　　　　　　　　c)

图 11-3　加工中心加工的零件

三、数控机床的安全操作规程

在数控机床使用过程中，必须严格遵守数控机床的安全操作规程，才能保障操作者的人身安全以及设备安全。数控机床的安全操作规程见表 11-2。

表 11-2　数控机床的安全操作规程

序号	安全操作规程
1	工作前，必须穿好工作服，女生须戴好工作帽，发辫不得外露，在进行操作时，必须戴防护眼镜
2	禁止随意更改机床内部参数设置。机床上不得放置杂物；手潮湿或沾有油污时不可触摸机床操作面板上的开关或按钮

（续）

序号	安全操作规程
3	开机前，检查电气控制是否正常，确保控制柜门关闭，各开关手柄等置于规定位置（置"MODE"旋钮于"JOG"或"REF"位，置"进给倍率"旋钮于"0"位，置"程式保护"于"1"位），检查润滑油量等
4	开机后，执行回参考点操作，以免发生错误导致撞机
5	在操作前，必须熟悉机床控制面板上的各种按钮功能，要辨别清楚并确认无误后，才能按照规定步骤操作机床，不得盲目操作或进行尝试性操作；多人同时使用机床时，单台机床只允许单人操作，其他人应离开机床工作区
6	在加工前，首先确认工件、刀具是否锁紧，卡盘扳手是否拿下；第一次运行程序时，检查工件原点、刀具数据等是否正确，检查机床限位、刀具可移动范围，确保加工过程中刀具、工件、尾座和辅具等之间无干涉；反复检查程序，且经过单段试切或模拟试运行后，确保程序正确无误后方可自动执行，未经确认的程序，不得擅自进行自动加工
7	加工过程中，严禁将多余的工件、夹具、刀具和量具等摆在工作台上，以防碰撞、跌落，发生人身、设备事故。密切注意刀架的移动情况，操作者不得离岗、闲谈、打闹等；发现异常现象或故障时，迅速按下急停按钮，停机排除故障，或通知维修人员检修。勿带故障操作和擅自处理
8	装夹、测量工件必须在停机后进行；主轴未完全停止前，禁止触摸工件、刀具或主轴；刚加工完时工件烫手，需防灼伤
9	严禁使用气动喷枪对人，直臂持握，喷嘴朝下，注意使用安全防护门遮挡，以免异物溅入眼睛
10	发生事故时，应立即切断电源，保护现场，参加事故分析，承担事故应负的责任
11	关机前先回参考点，将各开关、手柄、按钮等置于规定位置，然后按下急停按钮，关闭操作面板上电源开关，再关闭机床电源，拉下机床电源断路器
12	工作结束后认真清扫机床，收拾好所用的工、夹、量具等

第二节 数控加工工艺

数控加工工艺分析的主要步骤为加工顺序的安排、工序的内容、零件的定位基准及装夹方法、刀具选择、刀具路线以及切削用量等。

一、数控加工工序的划分

根据数控加工的特点，数控加工工序的划分一般可按下列方法进行：

1）以一次安装、加工作为一道工序。

2）以同一把刀具加工的内容划分工序。

3）以加工部位划分工序。

4）以粗、精加工划分工序。

二、加工顺序的安排

加工顺序安排一般应按以下原则进行：

1）上道工序的加工不能影响下道工序的定位与夹紧，中间穿插有通用机床加工工序的也应综合考虑。

2）先进行内腔加工，后进行外形加工。

3）以相同定位、夹紧方式加工或用同一把刀具加工的工序，最好连续加工，以减少重复定位次数、换刀次数与挪动压板次数。

三、定位基准与装夹方案的确定

1. 定位基准的选择

零件上应有一个或几个共同的定位基准。该定位基准一方面要能保证零件经多次装夹后其加工表面之间相互位置的正确性，如多棱体、复杂箱体等在卧式加工中心上完成四周加工后，要重新装夹加工剩余的加工表面，用同一基准定位可以避免由基准转换引起的误差；另一方面要满足加工中心工序集中的特点，即一次安装尽可能完成零件上较多表面的加工。

定位基准最好是零件上已有的面或孔，若没有合适的面或孔，也可专门设置工艺孔或工艺凸台等做定位基准。常选择工件上不需数控铣削的平面和孔做定位基准；对薄板件，选择的定位基准应有利于提高工件的刚性，以减小切削变形；定位基准应尽量与设计基准重合，以减少定位误差对尺寸精度的影响。

2. 装夹方案的确定

在零件的工艺分析中，已确定了零件在加工中心上加工的部位和加工时用的定位基准，因此在确定装夹方案时，只需根据已选定的加工表面和定位基准确定工件的定位夹紧方式，并选择合适的夹具。

此时，主要考虑以下几点：

1）夹紧机构或其他元件不得影响进给，加工部位要敞开。要求夹持工件后夹具上一些组成件（如定位块、压块和螺栓等）不能与刀具运动轨迹发生干涉。

2）必须保证最小的夹紧变形。工件在粗加工时，切削力大，需要夹紧力大，但又不能把工件夹压变形，因此必须慎重选择夹具的支承点、定位点和夹紧点。如果采用了相应措施仍不能控制工件变形，则只能将粗、精加工分开，或者粗、精加工使用不同的夹紧力。

3）装卸方便，辅助时间尽量短。由于加工中心效率高，装夹工件的辅助时间对加工效率影响较大，所以要求配套夹具在使用中也要装卸快而方便。

4）对小型零件或工序不长的零件，可以考虑在工作台上同时装夹几件进行加工，以提高加工效率。

5）夹具结构应力求简单。由于零件在加工中心上加工大都采用工序集中原则，加工的部位较多，同时批量较小，零件更换周期短，夹具的标准化、通用化和自动化对加工效率的提高及加工费用的降低有很大影响。因此，对批量小的零件应优先选用组合夹具，对形状简单的单件小批量生产的零件，可选用通用夹具。只有对批量较大，且周期性投产，加工精度要求较高的关键工序才设计专用夹具，以保证加工精度和提高装夹效率。

6）夹具应便于与机床工作台面及工件定位面间的定位连接。加工中心工作台面上一般都有基准T形槽，转台中心有定位圆、台面侧面有基准挡板等定位元件。固定方式一般用T形螺钉或工作台面上的紧固螺孔，用螺栓或压板压紧。

四、刀具路线

走刀路线就是刀具在整个加工工序中的运动轨迹，它不但包括了工步的内容，也反映出工步顺序。走刀路线是编写程序的依据之一。确定走刀路线时应注意以下几点：

1. 寻求最短加工路线

加工如图11-4a所示零件上的孔系。图11-4b所示的走刀路线为先加工完外圈孔后，再加工内圈孔。若改用图11-4c所示的走刀路线，减少空刀时间，则可节省定位时间近一倍，提高了加工效率。

2. 最终轮廓一次走刀完成

为保证工件轮廓表面加工后的表面粗糙度要求，最终轮廓应安排在最后一次走刀中连续加工出来。

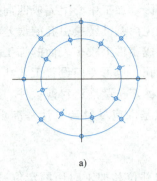
a)

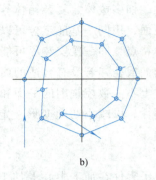
b)

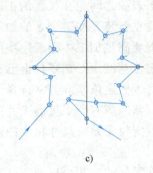
c)

图 11-4　加工路线图

图 11-5a 为用行切方式加工内腔的走刀路线，这种走刀能切除内腔中的全部余量，不留死角，不伤轮廓。但行切法将在两次走刀的起点和终点间留下残留高度，而达不到要求的表面粗糙度。所以采用图 11-5b 所示的走刀路线，先用行切法，最后沿周向环切一刀，光整轮廓表面，能获得较好的效果。图 11-5c 也是一种较好的走刀路线方式。

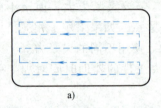
a)

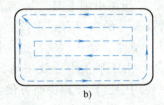
b)

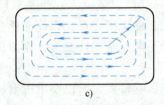
c)

图 11-5　最终轮廓走刀路线

3. 选择切入、切出方向

考虑刀具的进、退刀（切入、切出）路线时，刀具的切出或切入点应在沿零件轮廓的切线上，以保证工件轮廓光滑；应避免在工件轮廓面上垂直上、下刀而划伤工件表面；尽量减少在轮廓加工切削过程中的暂停（切削力突然变化造成弹性变形），以免留下刀痕，如图 11-6 所示。

五、切削用量的选用

切削用量是指加工中的背吃刀量、进给量和切削速度。切削用量的大小不仅会影响加工的效率、加工质量与成本，程序也会因切削用量不同而有所不同。合理选择切削用量，可以提高效率与质量，降低成本，有效地发挥数控设备的优势。

合理选择切削用量的原则是：粗加工时，一般以提高生产率为主，但也应考虑经济性和加工成本；半精加工和精加工时，应在保证加工质量的前提下，兼顾切削效率、经济性和加工成本。具体数值应根据机床说明书、切削用量手册，并结合经验而定。

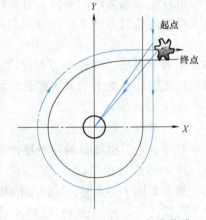

图 11-6　刀具的切入、切出路线

（1）背吃刀量 a_p（mm）　在机床、工件和刀具刚度允许的情况下，背吃刀量就等于加工余量，这是提高生产率的一个有效措施。若加工余量过大，设备与刀具无法一次加工，则可通过多次分层切削来完成。为了保证零件的加工精度和表面粗糙度，一般应留一定的余量进行精加工。数控机床的精加工余量可略小于普通机床。

（2）**切削速度** v_c（m/min）切削速度是提高生产率的一个措施，但与刀具寿命的关系比较密切。随着切削速度的增大，刀具寿命急剧下降，故其选择主要取决于刀具寿命。另外，切削速度与加工材料也有很大关系，如用硬质合金立铣刀铣削合金钢时，切削速度可采用 8m/min 左右；而用同样的立铣刀铣削铝合金时，可选 200m/min 以上。

主轴转速与切削速度可以通过下式进行换算：

$$v_c = \frac{\pi d n}{1000}$$

式中　n——主轴转速（r/min）；

　　　d——刀具或工件直径（mm）；

　　　v_c——切削速度（m/min）。

数控机床的控制面板上一般备有主轴转速修调（倍率）开关，可在加工过程中对主轴转速进行百分比调整。

（3）**进给速度** F　进给速度应根据零件的加工精度和表面粗糙度要求以及刀具和工件材料来选择，F 的增加也可以提高生产率。加工表面粗糙度要求低时，F 可选择得大些。在加工过程中，F 也可通过机床控制面板上的修调开关进行人工调整，但是最大进给速度要受到设备刚度和进给系统性能等的限制。

随着数控机床在生产实际中的广泛应用，数控编程已经成为数控加工中的关键问题之一。在数控程序的编制过程中，要在人机交互状态下即时选择刀具和确定切削用量。因此，编程人员必须熟悉刀具的选择方法和切削用量的确定原则，从而保证零件的加工质量和加工效率，充分发挥数控机床的优点，提高企业的经济效益和生产水平。

第三节　数控机床程序编制

一、数控机床的程序编制步骤

数控加工程序是用国际 ISO 代码对加工过程的描述，因此在编写程序前，需要对零件进行零件图分析、加工工艺分析等。

（1）零件图分析　零件加工内容：如加工外圆还是内圆、端面、仿形还是螺纹等。

尺寸精度与位置精度等技术要求：尺寸精度、表面质量以及位置精度等会影响加工方案，如粗加工、精加工以及余量分配、装夹方案等。

零件毛坯材料，切削性能如何，是否需要考虑排屑问题。

尺寸特点（是大型稳定零件还是小型、细长、薄壁零件，圆角半径等）、零件批量等，这些因素会影响设备的选择、零件的加工工艺方案、刀具选择、装夹定位方案，最终影响零件的精度及成本等。

（2）加工工艺分析　根据零件图分析结果，确定零件加工方案。主要包括选用的设备、装夹方案、工艺过程、刀具选用、刀具路径和切削用量等，这些因素会影响后面加工程序的编制，也直接影响是否能达到零件的要求及成本。

设备选择：首先保证零件表面可以在相应机床上完成；设备的功率、转矩、转速和刀位数等是否能满足零件的加工需求；零件的回转直径和长度必须小于机床最大回转直径和长度，且加工面的尺寸必须在机床的加工范围内；设备的主轴回转精度、定位精度等能够保证零件精度要求。

装夹方案：根据零件精度及尺寸要求，确定零件装夹方案。如自定心卡盘、单动卡盘装夹，以及双顶尖安装、一夹一顶等，是否需要安装中心架或跟刀架等。根据零件精度要求，确定是否需要找正及其要求。

工艺过程：数控车削加工工艺与普通机床类似，一般遵循基准先行、先粗后精、先近后远、先面后孔等原则。

刀具选用：选择刀具时主要根据加工零件的材料、形状、尺寸以及精度要求等，选用适合材料、角度、尺寸及种类的刀具，最终达到满足零件加工质量要求，节约成本的目标。

（3）节点坐标计算　计算刀具轨迹中节点坐标，数控车床编程中可以采用半径编程也可以采用直径编程，可以通过系统参数进行修改。FANUC 系统默认为直径编程，即 X 坐标值为直径，计算方法不详细展开。

（4）编制零件加工程序　可以使用手工编程和计算机辅助编程（如 MasterCAM、UG等）。数控加工程序结构见表 11-3。

表 11-3　数控加工程序结构

程序内容	注释
O1301；	程序名
N10 G40 G80；	初始化
N20 G00 X100 Z100；	换刀点
N30 T0101；	换 1 号刀
N40 M03 S600；	起动主轴
……	按刀具路径编程
N＊＊ G00 X100 Z100；	退刀
N＊＊ M05；	主轴停止
N＊＊ M30；	程序结束

二、数控车床常用编程指令

数控编程指令由准备功能、辅助功能以及特殊功能指令字组成，不同的数控系统，指令不尽相同，以 FANUC 0i-TD 为例，数控车床常用指令见表 11-4。

表 11-4　FANUC 0i-TD 数控车床常用指令

G 代码	组别	功能	程序格式及说明
＊G00	01	快速定位	G00 X __ Z __；
G01		直线插补	G01 X __ Z __ F __；
G02		顺时针圆弧插补	G02 X __ Z __ R __ F __；
G03		逆时针圆弧插补	G03 X __ Z __ R __ F __；

（续）

G 代码	组别	功能	程序格式及说明
G04	00	暂停	G04 X1.5; 或 G04 U1.5; 或 G04 P1500;
G07.1 （G107）	00	圆柱插补	G07.1 IPr(有效); G07.1 IP0(有效);
G10		可编程数据输入	G10 P __ X __ Z __ R __ Q __;
G11		可编程数据输入取消	G11;
G12.1 （G112）	21	极坐标指令	G12.1; G112;
*G13.1 （G113）		极坐标指令取消	G13.1; G113;
G17	16	选择 XY 平面	G17;
G18		选择 XZ 平面	G18;
G19		选择 YZ 平面	G19;
G20	06	英寸输入	G20;
G21		毫米输入	G21;
*G22	09	存储器行程检测接通	G22 X __ Z __ I __ K __;
G23		存储器行程检测断开	G23;
G27	00	返回参考点检测	G27 X __ Z __;
G28		返回参考点	G28 X __ Z __;
G30		返回第 2、3、4 参考点	G30 P3 X __ Z __;
G31		转跳功能	G31 IP __;
G32	01	螺纹切削	G32 X __ Z __ F __（F 为导程）
G34		变螺距螺纹切削	G34 X __ Z __ F __ K __;
G36	00	自动刀具偏置 X	G36 X __;
G37		自动刀具偏置 Z	G37 Z __;
*G40	07	刀具半径偏置取消	G40;
G41		刀具半径左偏置	G41 G01 X __ Z __;
G42		刀具半径右偏置	G42 G01 X __ Z __;
G50	00	坐标系设定或最高限速	G50 X __ Z __; 或 G50 S __;
G50.3		工件坐标系预置	G50.3 IP0;
G50.2 （G250）	20	多边形车削取消	G50.2; G250;
G51.2 （G251）		多边形车削	G51.2P __ Q __; 或 G251 P __ Q __;
G52	14	局部坐标系设定	G52 X __ Z __;
G53		选择机床坐标系	G53 X __ Z __;
*G54		选择机床坐标系 1	G54;
G55		选择机床坐标系 2	G55;

（续）

G 代码	组别	功能	程序格式及说明
G56	14	选择机床坐标系 3	G56；
G57		选择机床坐标系 4	G57；
G58		选择机床坐标系 5	G58；
G59		选择机床坐标系 6	G59；
G65	00	宏程序非模态调用	G65 P＿＿ L＿＿；＜自变量指定＞
G66	12	宏程序模态调用	G66 P＿＿ L＿＿；＜自变量指定＞
＊G67		宏程序模态调用取消	G67；
G70		精加工循环	G70 P＿＿ Q＿＿；
G71		粗车外圆	G71 U＿＿ R＿＿； G71 P＿＿ Q＿＿ U＿＿ W＿＿ F＿＿；
G72		粗车端面	G72 W＿＿ R＿＿； G72 P＿＿ Q＿＿ U＿＿ W＿＿ F＿＿；
G73	00	多重车削循环	G73 U＿＿ W＿＿ R＿＿； G73 P＿＿ Q＿＿ U＿＿ W＿＿ F＿＿；
G74		端面切槽循环	G74 R＿＿； G74 X(U)＿＿ Z(W)＿＿ P＿＿ Q＿＿ R＿＿ F＿＿；
G75		外圆切槽循环	G75 R＿＿； G75 X(U)＿＿ Z(W)＿＿ P＿＿ Q＿＿ R＿＿ F＿＿；
G76		多线螺纹加工循环	G76 P*mra* Q＿＿ R＿＿； G76 X(U)＿＿ Z(W)＿＿ R＿＿ P＿＿ Q＿＿ F＿＿；
＊G80		固定循环取消	G80；
G83		钻孔循环	G83 X＿＿ C＿＿ Z＿＿ R＿＿ Q＿＿ P＿＿ F＿＿ M＿＿；
G84		攻螺纹循环	G84 X＿＿ C＿＿ Z＿＿ R＿＿ P＿＿ F＿＿ K＿＿ M＿＿；
G85	10	正面镗孔循环	G85 X＿＿ C＿＿ Z＿＿ R＿＿ P＿＿ F＿＿ K＿＿ M＿＿；
G87		侧钻孔循环	G87 Z＿＿ C＿＿ X＿＿ R＿＿ Q＿＿ P＿＿ F＿＿ M＿＿；
G88		侧攻螺纹循环	G88 Z＿＿ C＿＿ X＿＿ R＿＿ F＿＿ K＿＿ M＿＿；
G89		侧镗孔循环	G89 Z＿＿ C＿＿ X＿＿ R＿＿ P＿＿ F＿＿ K＿＿ M＿＿；
G90		内外径车削循环	G90 X＿＿ Z＿＿ F＿＿； G90 X＿＿ Z＿＿ R＿＿ F＿＿；
G92	01	螺纹车削循环	G92 X＿＿ Z＿＿ F＿＿； G92 X＿＿ Z＿＿ R＿＿ F＿＿；
G94		端面车削循环	G94 X＿＿ Z＿＿ F＿＿； G94 X＿＿ Z＿＿ R＿＿ F＿＿；
G96	02	恒线速度	G96 S100；(100m/min)
＊G97		每分钟转数	G97 S600；(600r/min)
G98	05	每分钟进给	G98 F100；(100mm/min)
＊G99		每转进给	G99 F0.1；(0.1mm/r)

注：1. 带＊的为系统接通电源后的默认状态；当电源接通或复位时，原来的 G20 或 G21 保持有效。
　　2. 表中指令默认为 A 类 G 代码体系，括号中的指令为 B 类 G 代码体系指令，代码体系由参数 GSC（No. 3401#7）的设定值而定。

三、数控加工中心常用编程指令

以 FANUC 0i-Mate MD 为例，数控加工中心常用指令见表 11-5 和表 11-6。

表 11-5　FANUC 0i-Mate MD 系统主要的准备功能

G 代码	组别	功　能	G 代码	组别	功　能
* G00	01	定位（快速移动）	G73	09	高速深孔钻循环
G01		直线进给	G74		左螺旋切削循环
G02		顺时针切圆弧	G76		精镗孔循环
G03		逆时针切圆弧	* G80		取消固定循环
G04	00	暂停	G81		中心钻循环
G20	06	英寸输入	G82		反镗孔循环
G21		毫米输入	G83		深孔钻削循环
* G17	02	XY 平面选择	G84		右螺旋切削循环
G18		XZ 平面选择	G85		镗孔循环
G19		YZ 平面选择	G86		镗孔循环
* G40	07	取消刀具半径偏置	G87		反向镗孔循环
G41		刀具半径左偏置	G88		镗孔循环
G42		刀具半径右偏置	G89		镗孔循环
* G43	08	刀具长度正方向偏置	* G90	03	使用绝对值命令
* G44		刀具长度负方向偏置	G91		使用相对值命令
* G49		取消刀具长度偏置	G92	00	设置工件坐标系
G50	11	比例缩放取消	* G94	05	每分进给
G51		比例缩放	G95		每转进给
G53	00	选择机床坐标系	G98	10	固定循环返回起始点
G54～G59	14	选择工件坐标系	* G99		返回固定循环 R 点
G68	16	坐标系旋转	G65	00	宏程序调用
G69		坐标系旋转取消			

注：带"＊"号的指令为机床通电后的默认指令。

表 11-6　FANUC 0i-Mate MD 系统主要的辅助功能

M 代码	功能	M 代码	功能	M 代码	功能
M00	程序停止	M03	主轴正转起动	M08	打开切削液 2
M01	程序选择停止	M04	主轴反转起动	M09	切削液关闭
M02	程序结束	M05	主轴停止	M98	子程序调用
M30	程序结束并返回	M07	打开切削液 1	M99	子程序返回

第四节　数控车床编程实例

如图 11-7 所示为一个零件加工图样，毛坯为 φ30mm×80mm 的铝合金棒料，编制其数控加工程序。

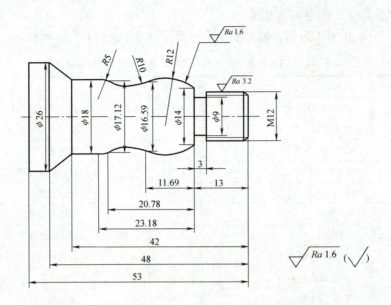

图 11-7 曲面轴零件图

1）零件表面粗糙度要求。曲面、外圆柱等表面粗糙度值为 1.6μm，螺纹部分表面粗糙度值为 3.2μm，需要进行粗车、半精车及精车，加工过程中为精加工留 0.5mm 余量，其余分层去除。

2）采用自定心卡盘一端悬臂装夹。编程原点选择在零件右端面中心，如图 11-8 中所示 O 点，零件安装右端面距卡盘 70mm，零件原点位于毛坯右端面的左端 1.5mm 处。

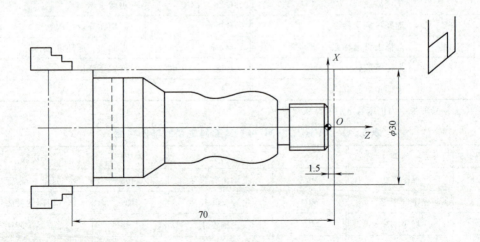

图 11-8 数控加工工件安装和零点设定

3）零件需要加工的表面有外圆柱、圆锥、曲面、螺纹、退刀槽以及切断等，因此选择刀具有外圆车刀、刀尖角为 35° 的精加工车刀、3mm 切槽刀和 60° 螺纹刀等。数控加工刀具卡见表 11-7。

表 11-7　数控加工刀具卡

零件图号			数控加工刀具卡			使用设备
刀具名称	数控车刀					SK40P
刀库容量	4	换刀方式	自动	程序编号		备注
刀具组成	序号	编号	刀具名称	规格	刀补号	
	1	T1	外圆粗车刀	90°	01	
	2	T2	外圆精车刀	刀尖角 35°	02	
	3	T3	切槽刀	刃宽 3mm	03	
	4	T4	外螺纹车刀	60°	04	
备注						
编制		审核		批准		共 1 页第 1 页

4）加工工艺过程。对零件进行工艺过程设计，见表 11-8。

表 11-8　数控车加工工序卡

数控车加工工序卡						工序号		工序内容	
						1		车削曲面轴	
曲面轴						零件名称	材料	夹具名称	使用设备
						轴	铝合金	精密平口钳	SK40P
工步号	程序号	工步内容	刀具号	刀具规格		主轴转速/（r/min）	进给量/（mm/r）	背吃刀量/mm	备注（检测说明）
1	O3001	车端面	T1	90°外圆车刀		600	0.1	1.5	
2	O3001	粗车至 φ27mm×60mm	T1	90°外圆车刀		600	0.1	1.5	
3	O3001	粗车至 φ23mm× 45mm 及锥面	T1	90°外圆车刀		600	0.1	2	
4	O3001	粗车至 φ19mm× 42mm 及锥面	T1	90°外圆车刀		600	0.1	2	
5	O3001	粗车至 φ16mm× 13mm 及圆弧面	T1	90°外圆车刀		600	0.1	1.5	
6	O3001	粗车至 φ13mm×13mm	T1	90°外圆车刀		600	0.1	1.5	
7	O3001	精车轮廓	T2	刀尖角为 35° 精车刀		1500	0.05	0.5	
8	O3001	车退刀槽	T3	3mm 宽切槽刀		600	0.05	吃刀宽度 3mm	
9	O3001	粗车螺纹	T4	60°螺纹刀		600	1.75	1	
10	O3001	粗车螺纹	T4	60°螺纹刀		600	1.75	0.7	
11	O3001	半精车螺纹	T4	60°螺纹刀		600	1.75	0.4	

（续）

工步号	程序号	工步内容	刀具号	刀具规格	主轴转速/（r/min）	进给量/（mm/r）	背吃刀量/mm	备注（检测说明）
12	O3001	精车螺纹	T4	60°螺纹刀	600	1.75	0.18	
13	O3001	切断	T3	3mm 宽切槽刀	600	0.05	吃刀宽度 3mm	
编制		审核				第1页		共1页

5）曲面轴各节点坐标值见表 11-9，曲面轴加工路线如图 11-9 和图 11-10 所示。

表 11-9　曲面轴各节点坐标值

P_0（X34,Z0）	P_1（X34,Z1）	P_2（X27,Z1）	P_3（X27,Z-60）	P_4（X34,Z-60）
P_5（X23,Z1）	P_6（X23,Z-45）	P_7（X27,Z-48）	P_8（X34,Z-48）	P_9（X19,Z1）
P_{10}（X19,Z-42）	P_{11}（X23,Z-45）	P_{12}（X16,Z1）	P_{13}（X16,Z-13）	P_{14}（X19,Z-17）
P_{15}（X19,Z-23.4）	P_{16}（X16,Z-34.3）	P_{17}（X23,Z-34.3）	P_{18}（X13,Z1）	P_{19}（X13,Z-13）
P_{20}（X10,Z1）	P_{21}（X12,Z-1）	P_{22}（X12,Z-13）	P_{23}（X14,Z-13）	P_{24}（X16.59,Z-24.69）
P_{25}（X17.12,Z-33.78）	P_{26}（X18,Z-36.18）	P_{27}（X18,Z-42）	P_{28}（X26,Z-48）	P_{29}（X26,Z-60）
P_{30}（X0,Z1）	P_{31}（X13,Z5）	P_{32}（X11,Z5）	P_{33}（X11,Z-11.5）	P_{34}（X13,Z-11.5）
P_{35}（X10.3,Z5）	P_{36}（X10.3,Z-11.5）	P_{37}（X9.9,Z5）	P_{38}（X9.9,Z-11.5）	P_{39}（X9.72,Z5）
P_{40}（X9.72,Z-11.5）				

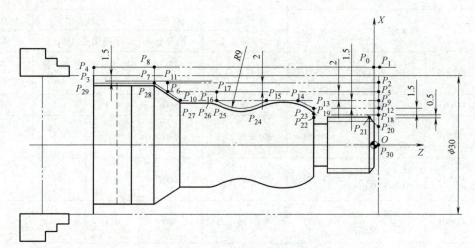

图 11-9　曲面轴外圆部分加工路线图

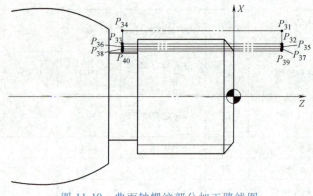

图 11-10　曲面轴螺纹部分加工路线图

6) 数控加工程序单见表 11-10。

表 11-10 数控加工程序单

程序名	O3001	工序/工步号		1		刀具数量	4 把	刀具半径偏置	无
工序名称		车削曲面轴				装夹	自定心卡盘	刀具长度偏置	无

程序	注 释
O3001;	程序名
N10 G40 G80;	初始化
N20 G00 X0 Z100;	定位至换刀点
N30 T0101;	换 1 号刀
N40 M03 S600;	起动主轴
N50 G00 X34 Z1;	定位至起刀点 P_1
N60 G94 X0 Z0 F0.1;	车端面($P_1 \rightarrow P_0 \rightarrow O \rightarrow P_{30} \rightarrow P_1$)
N70 G90 X27 Z-60 F0.2;	粗车 $\phi27$mm×60mm 外圆($P_1 \rightarrow P_2 \rightarrow P_3 \rightarrow P_4 \rightarrow P_1$)
N80 G00 X23 Z1;	定位至 P_5
N90 G01 X23 Z-45 F0.2;	粗车至 $\phi23$mm×45mm($P_5 \rightarrow P_6$)
N100 G01 X27 Z-48;	粗车锥面($P_6 \rightarrow P_7$)
N110 G00 X34 Z-48;	退刀($P_7 \rightarrow P_8$)
N120 G00 X34 Z1;	退刀($P_8 \rightarrow P_1$)
N130 G00 X19 Z1;	进刀($P_1 \rightarrow P_9$)
N140 G01 X19 Z-42;	粗车至 $\phi19$mm×42mm($P_9 \rightarrow P_{10}$)
N150 G01 X23 Z-45;	粗车锥面($P_{10} \rightarrow P_6$)
N160 G00 X27 Z-45;	退刀($P_6 \rightarrow P_{11}$)
N170 G00 X27 Z1;	退刀($P_{11} \rightarrow P_2$)
N180 G00 X16 Z1;	进刀($P_2 \rightarrow P_{12}$)
N190 G01 X16 Z-13;	粗车至 $\phi16$mm×13mm($P_{12} \rightarrow P_{13}$)
N200 G01 X19 Z-17;	粗车圆弧面($P_{13} \rightarrow P_{14}$)
N210 G01 X19 Z-23.4;	进刀($P_{14} \rightarrow P_{15}$)
N220 G02 X19 Z-34.3 R9;	粗车圆弧面($P_{15} \rightarrow P_{16}$)
N230 G00 X23 Z-34.3;	X 向退刀($P_{16} \rightarrow P_{17}$)
N240 G00 X23 Z1;	Z 向退刀($P_{17} \rightarrow P_5$)
N250 G00 X16 Z1;	进刀($P_5 \rightarrow P_{12}$)
N260 G90 X13 Z-13;	半精车 M12 外圆至 $\phi13$mm($P_{12} \rightarrow P_{18} \rightarrow P_{19} \rightarrow P_{13} \rightarrow P_{12}$)
N270 G00 X10 Z1 S1500;	进刀($P_{12} \rightarrow P_{20}$)
N280 G01 X11.7 Z-0.85 S1500;	车倒角($P_{20} \rightarrow P_{21}$)
N290 G01 X11.7 Z-13 F0.05;	精车 M12 外圆至 $\phi11.7$mm($P_{21} \rightarrow P_{22}$)
N300 G01 X14 Z-13;	退刀($P_{22} \rightarrow P_{23}$)
N310 G03 X16.59 Z-24.69 R12;	精车圆弧面($P_{23} \rightarrow P_{24}$)
N320 G02 X17.12 Z-33.78 R10;	精车圆弧面($P_{24} \rightarrow P_{25}$)

（续）

程序	注 释
N330 G03 X18 Z-36.18 R5;	精车圆弧面($P_{25} \rightarrow P_{26}$)
N340 G01 X18 Z-42;	精车 ϕ18mm($P_{26} \rightarrow P_{27}$)
N350 G01 X26 Z-48;	精车锥面($P_{27} \rightarrow P_{28}$)
N360 G01 X26 Z-60;	精车外圆 ϕ26mm($P_{28} \rightarrow P_{29}$)
N370 G00 X34 Z-60;	X 向退刀($P_{29} \rightarrow P_{4}$)
N380 G00 X100 Z100;	返回换刀点
N390 T0202;	换2号刀
N400 G00 X23 Z-13;	进刀
N410 G01 X9 Z-13 F0.05;	车退刀槽
N420 G01 X23 Z-13;	退刀
N430 G00 X100 Z100;	返回换刀点
N440 T0303;	换3号刀
N450 G00 X13 Z5;	进刀
N460 G92 X11 Z-11.5 F1.75;	粗车螺纹
N470 G92 X10.3 Z-11.5 F1.75;	粗车螺纹
N480 G92 X9.9 Z-11.5 F1.75;	半精车螺纹
N490 G92 X9.72 Z-11.5 F1.75;	精车螺纹
N500 G00 X100 Z100;	返回换刀点
N510 T0202;	换2号刀
N520 G00 X34 Z-53;	进刀
N530 G01 X1.5 Z-53 F0.05;	切断
N540 G01 X34 Z-53;	退刀
N550 G00 X100 Z100;	返回换刀点
N560 T0101;	换1号刀
N570 M05;	主轴停止
N580 M30;	程序结束

备注				
编制		审核	日期	

第五节 加工中心编程实例

如图 11-11 所示为一个零件加工图样 zcz001，材料为铝合金，毛坯为 71mm×6mm×31mm，编制其中外轮廓、ϕ16mm 孔和 ϕ19K7 孔以及 25mm×20mm 方孔的数控加工程序。

1）零件中 ϕ19K7 的台阶孔表面粗糙度值为 1.6μm，精度与表面质量都要求较高，且对底面尺寸有严格要求，其余部分表面粗糙度值为 12.5μm。

2）加工过程中，先采用精密平口钳装夹进行 ϕ16mm 通孔的钻削，ϕ19mm 台阶孔、方孔的铣削，其中 ϕ19mm 的台阶孔用铣刀铣孔完成，加工过程中为半精铣留 1.5mm 余量，为

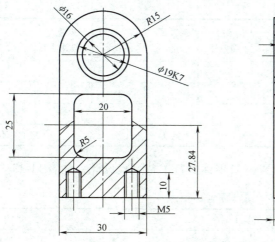
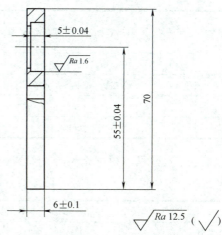

图 11-11 零件加工图样 zcz001

精铣留 0.5mm 余量，其余一次钻削去除；方孔精度要求不高，一次铣削即可。再采用 φ19mm 台阶孔定位装夹进行整个轮廓的精加工，以保证孔到底面的尺寸精度。数控加工工件安装和零点设定卡见表 11-11。

表 11-11 数控加工工件安装和零点设定卡

零件图号	zcz001	数控加工工件安装和零点设定卡	工序号	1
零件名称	轴承座		装夹次数	2

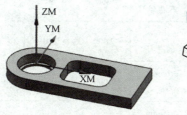
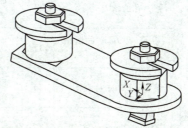

工序 1：精密平口钳装夹
工序 2：采用 φ19mm 轴承孔、方孔定位装夹

			2	φ19mm 轴承孔、方孔	1
编制日期		第 1 页	1	精密平口钳	1
批准日期		共 1 页	序号	夹具名称	数量

3）零件加工所用刀具见表 11-12。

表 11-12 数控加工刀具卡

零件图号		zcz001		数控加工刀具卡					使用设备
换刀方式		自动							VDL-600A
	序号	编号	刀具名称	规格/mm	半径偏置号	偏置量/mm	长度偏置号	长度偏置量	备注
刀具组成	1	T1	立铣刀	φ16	01	8	01		
	2	T2	键槽铣刀	φ10	02	5	02		

（续）

	序号	编号	刀具名称	规格/mm	半径偏置号	偏置量/mm	长度偏置号	长度偏置量	备注
刀具组成	3	T3	中心钻	ϕ3			03		
	4	T4	麻花钻	ϕ16			04		
备注									
编制			审核			批准		共1页第1页	

4）加工工艺过程。根据余量分配结果，对零件进行工艺过程设计，见表11-13。

表 11-13 数控加工工序卡

数控加工工序卡

零件图号			zcz001		材料		夹具名称		使用设备
零件名称			轴承座		铝合金		精密平口钳/定位销		VDL-600A
工序号	工步号	程序号	工步内容	刀具号	刀具规格	主轴转速/（r/min）	进给量/（mm/r）	背吃刀量/mm	备注（检测说明）
1	1	O4001	钻ϕ16mm定位孔的中心,尺寸为ϕ3mm×5mm	T3	ϕ3mm中心钻	2000	100		
	2		钻ϕ16mm通孔	T4	ϕ16mm麻花钻	600	60		
	3		钻方孔的落刀孔	T4	ϕ16mm麻花钻	600	60		
	4		粗铣ϕ19mm台阶孔至ϕ18mm	T1	ϕ16mm立铣刀	1000	120	1	
	5		精铣ϕ19mm台阶孔	T1	ϕ16mm立铣刀	1600	100	0.5	
	6		铣25mm×20mm方孔	T2	ϕ10mm键槽铣刀	1000	100	10	
2	1	O4002	精铣轮廓	T1	ϕ16mm立铣刀	1000	100	0.5	
编制		日期		审核		日期		第1页	共1页

5）刀具路线与节点。轴承座加工中各节点坐标值见表11-14。

表 11-14 轴承座加工中各节点坐标值

P_0(X0,Y0,Z100)	P_1(X0,Y0,Z3)	P_2(X0,Y0,Z-5)	P'_2(X0,Y0,Z-8)
P''_2(X0,Y0,Z-4.5)	P_3(X-9,Y0,Z-4.5)	P'_3(X-9.5,Y0,Z-5)	P_4(X19.5,Y5,Z100)
P'_4(X19.5,Y5,Z3)	P_5(X19.5,Y5,Z-6)	P_6(X19.5,Y-5,Z-6)	P_7(X34.5,Y-5,Z-6)
P_8(X34.5,Y5,Z-6)	P_9(X66,Y-23,Z100)	P_{10}(X66,Y-23,Z3)	P_{11}(X66,Y-23,Z-6)
P'_{11}(X55,Y-15,Z-6)	P'_{12}(X0,Y-15,Z-6)	P'_{13}(X0,Y15,Z-6)	P'_{14}(X55,Y15,Z-6)
P_{15}(X63,Y-26,Z-6)	P_{16}(X63,Y-26,Z3)	P_{17}(X63,Y-26,Z100)	

轴承座的加工工步简要描述如下：

工步 1：钻 ϕ19mm 定位孔的中心，尺寸为 ϕ3mm×5mm。

刀具的运动轨迹为：$P_0 \to P_1 \to P_2 \to P_1 \to P_0$，如图 11-12 所示。

工步 2：钻 ϕ16mm 的通孔。粗钻 ϕ19mm 孔至 ϕ16mm。

刀具的运动轨迹为：$P_0 \to P_1 \to P'_2 \to P_1 \to P_0$，如图 11-13 所示。

工步 3：钻方孔的落刀孔。

刀具的运动轨迹为：$P_4 \to P'_4 \to P_5 \to P'_4 \to P_4$，如图 11-14 所示。

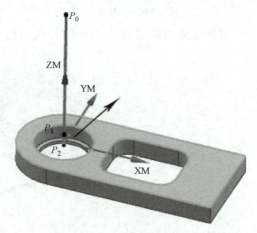

图 11-12 钻 ϕ19mm 孔的定位孔

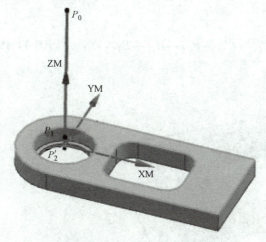

图 11-13 粗钻 ϕ19mm 孔至 ϕ16mm

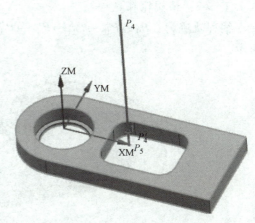

图 11-14 钻方孔的落刀孔

工步 4：粗铣 ϕ19mm 台阶孔至 ϕ18mm。

刀具的运动轨迹为：$P_0 \to P_1 \to P''_2 \to P_3 \to P_3 \to P''_2 \to P_1 \to P_0$，如图 11-15 所示。

工步 5：精铣 ϕ19mm 台阶孔。

刀具的运动轨迹为：$P_0 \to P_1 \to P_2 \to P'_3 \to P'_3 \to P_2 \to P_1 \to P_0$，如图 11-16 所示。

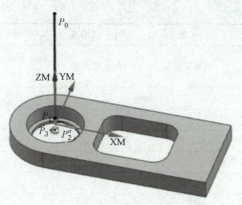

图 11-15 粗铣 ϕ19mm 孔至 ϕ18mm

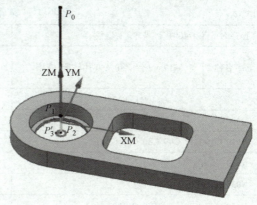

图 11-16 精铣 ϕ19mm 孔

工步6：铣 25mm×20mm 方孔。

刀具的运动轨迹为：$P'_4 \rightarrow P_5 \rightarrow P_6 \rightarrow P_7 \rightarrow P_8 \rightarrow P_5 \rightarrow P'_4 \rightarrow P_4$，如图 11-17 所示。

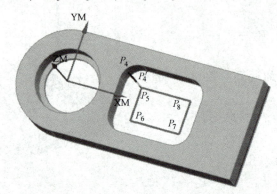

图 11-17　铣方孔

工步7：精铣轮廓。

编程轨迹为：$P_9 \rightarrow P_{10} \rightarrow P_{11} \rightarrow P'_{11} \rightarrow P'_{12} \rightarrow P'_{13} \rightarrow P'_{14} \rightarrow P'_{11} \rightarrow P_{15} \rightarrow P_{16} \rightarrow P_{17}$，如图 11-18 所示。

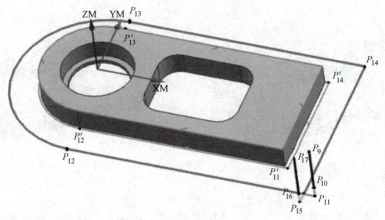

图 11-18　铣外轮廓

6）数控加工程序单见表 11-15 和表 11-16。

表 11-15　数控加工程序单（一）

程序名	O4001	工序/工步号	1/1~6	刀具数量	4 把	刀具半径偏置	D01、D02
工序名称	ϕ19mm 台阶孔及方孔钻削、铣削		装夹	精密平口钳		刀具长度偏置	H01、H02、H03、H04

程序	注释
O4001；	程序名
N010 G40 G17 G49 G80 G90 G21；	程序初始化
N020 G54；	建立工件坐标系
N030 T3 M06；	换 T3 刀
N040 G43 G00 X0.0 Y0.0 Z50. H03；	定位至起刀点并建立刀具长度偏置

（续）

程序	注释
N050 M03 S2000;	起动主轴
N060 G98 G82 X0.0 Y0.0 Z-5 R3. F100 M08;	打开切削液并钻削 ϕ16mm 定位孔
N070 G80;	取消钻孔循环
N080 G00 G49 Z100 M09;	抬刀并关闭切削液
N090 M05;	停止主轴
N100 G91 G28 Z0.0;	Z 轴返回机床参考点
N110 G90;	绝对坐标编程方式
N120 T4 M06;	换 T4 刀，粗钻 ϕ16mm 通孔及方孔的落刀孔
N130 G43 G00 X0.0 Y0.0 Z50. H04;	定位至起刀点并建立刀具长度偏置
N140 M03 S600;	起动主轴
N150 G99 G73 Z-8.0 R3. Q3.0 F60 M08;	打开切削液并粗钻 ϕ16mm 孔
N160 G98 G73 X19.5 Y5. Z-6. R-3. Q3.0 F60;	钻方孔的落刀孔
N170 G80 M09;	取消钻孔循环并关闭切削液
N180 M05;	停止主轴
N190 G00 G49 Z100;	抬刀
N200 G91 G28 Z0.0;	Z 轴返回机床参考点
N210 G90;	绝对坐标编程方式
N220 T1 M06;	换 T1 刀，粗铣 ϕ19mm 台阶孔至 ϕ18mm
N230 G43 G00 X0.0 Y0.0 Z50. H01 M08;	定位至起刀点 P_0 并建立刀具长度偏置
N240 M03 S1000;	起动主轴
N250 Z3.;	降刀至 P_1
N260 G01 Z-4.5 F120;	进刀至 P_2
N270 G41 X-9. D01;	进刀至 P_3 并建立刀具半径左偏置 D01＝8mm
N280 G03 I9. J0.0;	粗铣 ϕ19mm 孔至 P_3（ϕ18mm）
N290 G01 G40 X0.0;	退刀至 P_2 并取消刀具半径左偏置
N300 G01 Z3;	Z 轴退刀至 P_1
N310 G00 G49 Z100;	抬刀至 P_0
N320 G91 G28 Z0.0;	Z 轴返回机床参考点
N330 G90;	绝对坐标编程方式
N340 T2 M06;	换 T2 刀，精铣 ϕ19mm 台阶孔
N350 G43 G00 X0.0 Y0.0 Z50. H02 M08;	定位至起刀点 P_0 并建立刀具长度偏置
N360 S1600;	起动主轴
N370 Z3;	降刀至 P_1
N380 G01 Z-5. F100;	进刀至 P_2
N390 G41 X-9.5 D02;	进刀至 P_3 并建立刀具半径左偏置 D02＝5mm
N400 G03 I9.5 J0.0;	精铣 ϕ19mm 孔至 P_3

（续）

程序	注释
N410 G01 G40 X0.0;	退刀至 P_2 并取消刀具半径左偏置
N420 Z3.;	退刀至 P_1
N430 G00 X19.5 Y5.;	定位至方孔的落刀点 P_4
N440 M03 S1000;	起动主轴
N450 G01 Z-6. F100. M08;	进刀 P_5
N460 Y-5.;	铣削至 P_6
N470 X34.5;	铣削至 P_7
N480 Y5.;	铣削至 P_8
N490 X19.5;	铣削至 P_5
N500 G00 Z3. M09;	退刀并关闭切削液
N510 G00 G43 Z100;	抬刀
N520 M05;	停止主轴
N530 G91 G28 Z0.0	Z 轴返回机床参考点
N540 G28;	返回机床参考点
N550 M30;	程序结束

备注				
编制		审核		日期

表 11-16 数控加工程序单（二）

程序名	O4002	工序/工步号	2/1	刀具数量	1 把	刀具半径偏置	D01
工序名称		外轮廓铣削		装夹	压板螺钉	刀具长度偏置	H01

程序	注释
O4002;	程序名
N010 G40 G17 G49 G80 G90G21;	程序初始化
N020 G54;	建立工件坐标系
N030 T01 M06;	换 T01 刀
N040 G43 G00 X66. Y-23. Z100 H01;	定位至起刀点 P_9 并建立刀具长度偏置
N050 M03 S1000;	起动主轴
N060 Z3.;	降刀至 P_{10}
N070 G01 Z-6. F100. M08;	进刀至 P_{11}
N080 G41 X55. Y-15. D01;	切入至 P'_{11} 并建立刀具半径左偏置
N090 X0.0;	铣削至 P'_{12}
N100 G02 Y15. I0.0 J15.;	铣削至 P'_{13}
N110 G01 X55.;	铣削至 P'_{14}
N120 Y-15.;	铣削至 P'_{11}
N130 G40 X63. Y-26.;	退刀至 P_{15} 并取消刀具半径左偏置

（续）

程序	注释
N140 G00 Z3. ;	退刀至 P_{16}
N150 G00 G43 Z100;	抬刀至 P_{17} 并取消刀具长度偏置
N160 M05;	停止主轴
N170 M09;	关闭切削液
N180 G91 G28 Z0. 0;	Z 轴返回机床参考点
N190 G28;	返回机床参考点
N200 M30;	程序结束

备注					
编制		审核		日期	

习题与思考题

1. 简述数控车床加工范围。
2. 简述数控加工中心的加工特点及加工范围。
3. 数控加工工艺分析主要包含哪些内容？
4. 简述数控加工工序安排的原则。
5. 简述数控加工定位基准的选择原则。
6. 简述数控加工程序编制的步骤。
7. 切削用量参数如何选择？

第十二章

特 种 加 工

第一节 概　述

由于材料科学、高新技术的发展和激烈的市场竞争、发展尖端国防及科学研究的急需，不仅新产品更新换代日益加快，而且产品要求具有很高的强度重量比和性能价格比，并正朝着高速度、高精度、高可靠性、耐腐蚀、高温高压、大功率、尺寸大小两极分化的方向发展。因此，各种新材料、新结构、形状复杂的精密机械零件大量涌现，给机械制造业提出了一系列迫切需要解决的新问题。例如：各种难切削材料的加工；各种结构形状复杂、尺寸或微小或特大、精密零件的加工；薄壁、弹性元件等刚度特殊零件的加工等。对此，采用一些传统加工方法十分困难，甚至无法加工。于是，人们一方面通过研究高效加工的刀具和刀具材料、自动优化切削参数、提高刀具可靠性和在线刀具监控系统、开发新型切削液、研制新型自动机床等途径，进一步改善切削状态，提高切削加工水平，并解决了一些问题；另一方面，则冲破传统加工方法的束缚，不断地探索、寻求新的加工方法，于是一种本质上区别于传统加工的特种加工便应运而生，并不断获得发展。

特种加工是直接借助电能、热能、声能、光能、电化学能、化学能及特殊机械能等多种能量或其组合施加到被加工的部位，以实现材料被去除、变形、改变性能或被镀覆等的非传统加工方法。其特点为：

1）不用机械能。与加工对象的机械性能无关，有些加工方法，如激光加工、电火花加工、等离子弧加工和电化学加工等，是利用热能、化学能和电化学能等，这些加工方法与工件的硬度、强度等机械性能无关，故可加工各种硬、软、脆、热敏、耐腐蚀、高熔点、高强度、特殊性能的金属和非金属材料。

2）非接触加工。不一定需要工具，有的虽使用工具，但与工件不接触，因此工件不承受大的作用力，工具硬度可低于工件硬度，故使刚度极低元件及弹性元件得以加工。

3）微细加工。工件表面质量高，有些特种加工，如超声、电化学、水喷射和磨料流等，加工去除材料量非常小，故不仅可加工尺寸微小的孔或狭缝，还能获得高精度、极低表面粗糙度值的加工表面。

4）不存在加工中的机械应变或大面积的热应变，可获得较低的表面粗糙度值，其热应力、残余应力、冷作硬化等均比较小，尺寸稳定性好。

5）两种或两种以上的不同类型的能量可相互组合形成新的复合加工，其综合加工效果明显，且便于推广使用。

6）特种加工对简化加工工艺、变革新产品的设计及零件结构工艺性等产生积极的影响。

特种加工技术方法很多，具体到某种产品的加工，应该选择哪种加工方法呢？选择的依据与传统切削加工是相似的，即应根据毛坯的形状、工件的材质、几何形状、尺寸、精度、生产率、生产批量及其经济性来选择。常用的特种加工方法的综合比较见表12-1。

表 12-1　常用的特种加工方法的综合比较

加工方法	加工能力				经济性			适用范围
	成形能力	可加工材料	加工精度/mm 平均/最高	表面粗糙度值 Ra/μm 平均/最低	加工速度/（mm³/min）平均/最高	设备投资	功率消耗	
电火花加工	好	导电材料	0.03/0.003	10/0.04	30/3000	中	小	穿孔、型腔加工、磨削、刻字和表面强化
电火花线切割加工	差	导电材料	0.02/0.002	5/0.32	20/200mm²/min	较低	小	切割
电解加工	较好	导电材料	0.1/0.01	1.25/0.16	100/10000	高	大	型腔加工、抛光和去毛刺
超声加工	好	脆性材料	0.03/0.005	0.63/0.16	1/100	低	小	穿孔、套料、切割和研磨
激光加工	差	任何材料	0.01/0.001	10/1.25	极低/极高	高	小	微小孔加工、切割、焊接、热处理和快速成形
电子束加工	差	任何材料	0.01/0.001	10/1.25	极低/极高	高	小	微小孔加工、切缝、蚀刻和曝光
离子束加工	差	任何材料	/0.01	/0.01	低	高	小	抛光、蚀刻、掺杂和镀覆
喷射加工	差	任何材料			高	低	小	切割、穿孔
化学加工	差	任何材料	0.05	2.5/0.4	15	低	小	复杂图形加工、刻蚀

第二节　电火花加工

电火花加工又称为放电加工、电蚀加工（Electro-Discharge Machining，EDM），是一种利用脉冲放电产生的热能进行加工的方法。其加工过程为：使工具和工件之间不断产生脉冲性的火花放电，靠放电时局部、瞬时产生的高温把金属熔化、汽化而蚀除材料。放电过程可见到火花，故称之为电火花加工，日本、英国、美国称之为放电加工，其发明国家（苏联）称之为电蚀加工。

一、电火花加工的基本原理、装置及特点

1. 电火花加工的基本原理与装置

电火花加工的原理是利用工具电极和工件电极之间脉冲性火花放电时的电腐蚀现象来蚀除多余的金属，以达到对零件的尺寸、形状及表面质量的加工要求。火花放电时，在放电区域能量高度集中，瞬时温度可高达10000℃左右，足以使任何金属局部熔化甚至汽化而被蚀除。

要达到上述加工目的，设备装置必须有以下三个条件：

1）工具电极和工件被加工表面之间经常保持一定的放电间隙（通常为几微米至几百微米）。间隙过大，极间电压不能击穿极间介质，因而不会产生火花放电。间隙过小，会形成短路，不能产生火花放电，而且会烧伤电极。

2）火花放电必须是瞬时的脉冲性放电，放电延续一段时间后，需停歇一段时间，放电延续时间一般为 $10^{-7} \sim 10^{-3}\mathrm{s}$，放电通道的电流密度需达 $10^5 \sim 10^6 \mathrm{A/cm^2}$，这样才能使放电所产生的热量来不及传导扩散到其余部分，把每一次的放电点分别局限在很小的范围内，从而使材料熔化和汽化。如果采用持续电弧放电方式，就会使表面烧伤而无法用作尺寸加工。因此，电火花加工必须采用脉冲电源。

3）火花放电必须在有一定绝缘性能的液体介质中进行，如煤油、皂化液或去离子水等。液体介质又称为工作液，它们必须具有较高的绝缘强度（103～107Ω·cm），以有利于产生脉冲性的火花放电，同时，液体介质还能把电火花加工过程中产生的金属小屑、炭黑等电蚀产物从放电间隙中悬浮排除出去，并且对电极和工件表面有较好的冷却作用。

图 12-1 所示为电火花加工原理图，它由脉冲电源、电极间隙自动调节装置、工作液循环系统和工具电极等组成。电火花加工过程是在工作液中进行的，将脉冲电压加至两电极，同时使工具电极不断接近工件电极，当两电极上的最近点达到一定距离时，工作液被击穿，形成脉冲放电。在放电通道中，瞬时产生大量热能使材料熔化，甚至汽化而产生爆炸力，将熔化的金属抛离工件表面，并被工作液带走，工件表面便留下一个小坑。如此重复进行脉冲放电，就能将工件加工出与工具电极相对应的型腔或型面。

每一次脉冲放电的电蚀过程经电离、放电、金属熔化和汽化、金属抛离等阶段，电火花加工过程如图12-2 所示。工具电极先向工件靠近，到达两极最近点时，工作液被电离击穿，产生火花放电，局部金属熔化、汽化并被抛离。当多次脉冲放电后，加工表面形成无数小凹坑，最后，工具电极的截面形状"复印"在工件上。

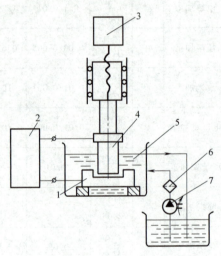

图 12-1　电火花加工原理图

1—工件电极　2— 脉冲电源
3—电极间隙自动调节装置　4—工具电极
5—工作液　6—过滤液　7—工作液泵

2. 工具电极

工具电极应选用导电性好、耐蚀性高和造型容易的材料，常用的有石墨、纯铜、黄铜、钼、铸铁和钢。石墨多用于型腔加工，纯铜和黄铜多用于穿孔加工，钢和铸铁多用于冷冲凹模加工，钼丝和黄铜丝多用于小孔、微孔的加工和切割加工。

工具电极的形状与工件的型腔、型孔基本相符。但在垂直于进给的方向上，工具电极截面应根据火花放电间隙值做相应的修正。在深度方向上，需考虑加工深度、工具电极端部损

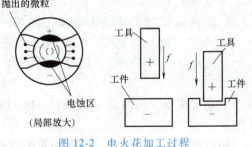

图 12-2　电火花加工过程

耗量、夹持部分长度和重复使用时的增长量。

3. 工作液

电火花加工所用的工作液，其主要作用是：有较高的绝缘性，以便产生脉冲性的火花放电，防止出现电弧放电；压缩放电通道，使放电能量集中在较小的区域内，排除电蚀产物，加速工具电极的冷却，减少损耗，改善工件的表面质量。

工作液的种类很多，通常采用煤油，也可采用燃点高的机油、变压器油、锭子油或者它们与煤油的混合液。有时加入四氯化碳等活化剂，以提高加工速度，降低工具电极的损耗。

4. 电火花加工的特点

（1）电火花加工的优点

1）适合于难切削材料的加工，可以突破传统切削加工对刀具的限制，实现用软的工具加工硬韧的工件，甚至可以加工聚晶金刚石、立方氮化硼一类超硬材料。目前电极材料多采用纯铜或石墨，因此工具电极较容易加工。

2）可以加工特殊及复杂形状的零件。由于加工中工具电极和工件不直接接触，没有机械加工的切削力，因此适宜加工低刚度工件及进行微细加工。由于可以简单地将工具电极的形状复制到工件上，因此特别适用于复杂表面形状工件的加工，如复杂型腔模具加工等。数控技术电火花可以用简单形状的电极加工复杂形状零件。

3）主要用于加工金属等导电材料，一定条件下也可以加工半导体和非导体材料。

4）加工表面微观形貌圆滑，工件的棱边、尖角处无毛刺、塌边。

5）工艺灵活性大，本身有"正极性加工"（工件接电源正极）和"负极性加工"（工件接电源负极）之分；还可与其他工艺结合，形成复合加工，如与电解加工复合。

（2）电火花加工的局限性

1）一般加工速度较慢。安排工艺时可采用机械加工去除大部分余量，然后再进行电火花加工以求提高生产率。最近新的研究成果表明，采用特殊水基不燃性工作液进行电火花加工其生产率甚至高于切削加工。

2）存在电极损耗和二次放电。电极损耗多集中在尖角或底面，最新的机床产品已能将电极相对损耗比降至0.1%，甚至更小；电蚀产物在排除过程中与工具电极距离太小时会引起二次放电，形成加工斜度，影响成形精度。

3）最小角部半径有限制。一般电火花加工能得到的最小角部半径等于加工间隙（通常为 $0.02\sim0.3$mm），若电极有损耗或采用平动、摇动加工则角部半径还要增大。

二、影响电火花加工精度和表面粗糙度的主要因素

与传统的机械加工一样，机床本身的各种误差，工件和工具电极的定位、安装误差都会影响到电火花加工的精度。另外，与电火花加工工艺有关的主要因素是放电间隙的大小及其一致性、工具电极的损耗及其稳定等。电火花加工时工具电极与工件之间放电间隙大小实际上是变化的，电参数对放电间隙的影响非常显著，精加工放电间隙一般只有0.01mm（单面），而粗加工时则可达0.5mm以上。目前，电火花加工的精度为 $0.01\sim0.05$mm。

影响表面粗糙度的因素主要有：脉冲能量越大，加工速度越高，Ra 值越大；工件材料越硬、熔点越高，Ra 值越小；工具电极的表面粗糙度值越大，工件的 Ra 值越大。

三、电火花加工的工艺方法分类及其应用

按工具电极和工件相对运动的方式和用途的不同，大致可分为电火花穿孔成形加工、电

火花线切割加工、电火花磨削和镗磨、电火花同步共轭回转加工、电火花高速小孔加工、电火花铣削加工、电火花表面强化与刻字七大类。前六类属于电火花成形、尺寸加工，是用于改变零件形状或尺寸的加工方法；后者则属于表面加工方法，用于改善或改变零件表面性质。以上以电火花穿孔成形加工和电火花线切割加工应用最为广泛。表 12-2 所列为总的分类情况及各类加工方法的主要特点和用途。

表 12-2　电火花各类加工方法的主要特点和用途

工艺方法	特点	用途	备注
电火花穿孔成形加工	1) 工具和工件主要有一个相对的伺服进给运动 2) 工具为成形电极，与被加工表面有相同的截面或形状	1) 型腔加工：加工各类型腔模及各种复杂的型腔零件 2) 穿孔加工：加工各种冲模、挤压模、粉末冶金模、各种异形孔及微孔等	约占电火花机床总数的 30%，典型机床有 D7125、D7140 等电火花穿孔成形机床
电火花线切割加工	1) 工具电极为沿着其轴线方向移动着的线状电极 2) 工具与工件在两水平方向同时有相对伺服进给运动	1) 切割各种冲模和具有直纹面的零件 2) 下料、截割和窄缝加工 3) 直接加工出零件	约占电火花机床总数的 60%，典型机床有 DK7725、DK7740 等数控电火花线切割机床
电火花磨削和镗磨	1) 工具与工件有相对的旋转运动 2) 工具与工件间有径向和轴向的进给运动	1) 加工高精度、表面粗糙度值小的小孔，如拉丝模、挤压模、微型轴承内环和钻套等 2) 加工外圆、小模数滚刀	约占电火花机床总数的 3%，典型机床有 D6310 电火花小孔内圆磨床
电火花同步共轭回转加工	1) 成形工具与工件均做旋转运动，但两者角速度相等或成整数倍，接近的放电点可有切向相对运动速度 2) 工具相对工件可做纵、横向进给运动	以同步回转、展成回转、倍角速度回转等不同方式，加工各种复杂型面的零件，如高精度的异形齿轮，精密螺纹环规，高精度、高对称、表面粗糙度值小的内、外回转体表面等	约占电火花机床总数的 1% 以下，典型机床有 JN-2、JN-8 等内外螺纹加工机床
电火花高速小孔加工	1) 采用 $\phi0.3 \sim \phi3$mm 空心管状电极，管内冲入高压水基工作液 2) 细管电极旋转	1) 加工速度可高达 60mm/min，深径比可达 1∶100 以上 2) 线切割预穿丝孔 3) 深径比很大的小孔，如喷嘴等	约占电火花机床总数的 2%，典型机床有 D7003A 电火花高速小孔加工机床
电火花铣削加工	工具电极相对工件做平面或空间运动，类似常规铣削	1) 适合用简单电极加工复杂形状 2) 由于加工效率不高，一般用于加工较小零件	各种多轴数控电火花加工机床有此功能
电火花表面强化与刻字	1) 工具在工件表面上振动 2) 工具相对工件移动	1) 模具刃口，刀具、量具刃口表面强化和镀覆 2) 电火花刻字、打印记	占电火花机床总数的 2% ~ 3%，典型机床有 D9105 电火花强化机等

第三节　数控电火花线切割

线切割加工技术是线电极电火花加工技术，是电火花加工技术中的一种，简称线切割加工，也是利用工具电极对工件进行脉冲放电时产生的电腐蚀现象来进行加工的。电火花线切割加工是用运动着的金属丝做电极，利用电极丝和工件在水平面内的相对运动来切割出各种形状的工件。

数控电火花线切割机床不是依靠机械能通过刀具切削工件，而是以电、热能的形式来加工，这就需要在机床本体中加入脉冲电源，因此加工过程属于脉冲放电加工，要求被加工零件的导电性能良好。数控线切割加工主要用于高硬度模具零件的加工，如经过淬火的模具型芯零件。由于线切割加工的特殊性，只能用于直通的可展直纹面的加工，若电极丝相对工件进行有规律的倾斜运动，还可加工出带锥度的工件，因此线切割可以加工平面二维轮廓零件和上下异型可展直纹曲面。采用线切割加工时，存在理论上的逼近误差。简单平面二维轮廓零件的数控线切割加工编程，一般采用手工编程，对于上下异型直通曲面的加工，简单的可以手工编程，复杂零件可以采用图形辅助编程和计算机辅助编程。

一、数控电火花线切割加工原理

数控电火花线切割加工简称线切割加工，是利用作为负极的电极丝（钼丝或黄铜丝等）和作为正极的金属材料（工件）之间进行脉冲放电，产生局部瞬间高温，使金属材料熔化或汽化，从而蚀除多余金属材料，并将多余材料由工作液带走。同时，在控制系统的控制下，钼丝以一定的速度做往复运动，不断地进入和离开放电区域，工作台带着工件按照数控程序的指令做纵、横向两向联动，从而沿指定轨迹切割工件，以达到一定形状、尺寸及表面质量。数控电火花线切割加工原理如图 12-3 所示。

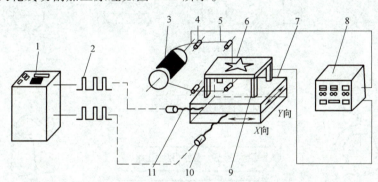

图 12-3　数控电火花线切割加工原理

1—数控装置　2—电脉冲信号　3—储丝筒　4—导轮　5—钼丝　6—工件
7—切割台　8—脉冲电源　9—绝缘块　10—步进电动机　11—丝杠

二、数控电火花线切割工艺特点及应用

数控电火花线切割与传统切削加工相比，具有以下特点：

1）由于电火花线切割加工中采用电火花高温蚀除工件材料进行切割，且电极丝与工件不直接接触，因此加工中不存在明显的切削力。

2）加工对象不受硬度的限制，可用于一般切削方法难以加工或者无法加工的金属材料和半导体材料，特别适合淬火工具钢、硬质合金等高硬度材料的加工，但无法加工非金属不导电材料。

3）能加工细小、形状复杂的工件。由于电极丝一般为比较细（$\phi 0.01 \sim \phi 0.3$mm）的钼丝或黄铜丝，所以能加工出窄缝、锐角（小圆角半径）等细微结构。

4）加工精度较高。由于电极丝是不断移动的，所以电极丝的磨损很小，目前电火花加工精度已经能达到 μm 级，表面粗糙度值 Ra 可达 $0.05μm$，完全可以满足一般精密零件的加工要求。

5）用户不需要制造电极，节约了电极制造时间和电极材料，降低了加工成本。

6）工作液选用乳化液或去离子水等，而不是煤油，可节约能源物资，防止着火。

7）工件材料被蚀除的量很少，这不仅有助于提高加工速度，而且加工下来的材料还可以再利用。

8）数控电火花线切割机床的数控系统采用两轴联动进行直线、圆弧插补运算，可以方便地完成复杂形状零件的加工，便于实现自动化。采用数控技术，只要编好程序，就能自动加工，操作方便、加工周期短，成本低，较安全。

9）直接利用电能、热能进行加工，可以方便地对影响加工精度的参数（如脉冲宽度、脉冲间隔和电流等）进行调整，并且加工时电极丝是不断运动的，电极丝损耗极小，因而加工精度和表面质量都较高。

综上所述，线切割广泛用于淬火工具钢、硬质合金等超硬材料，有色金属、导电陶瓷、钛合金等材料的冲孔和落料模具、样板及小孔、窄槽以及形状复杂的零件，在模具行业的应用尤为广泛。常见的数控线切割加工的零件如图 12-4 所示。

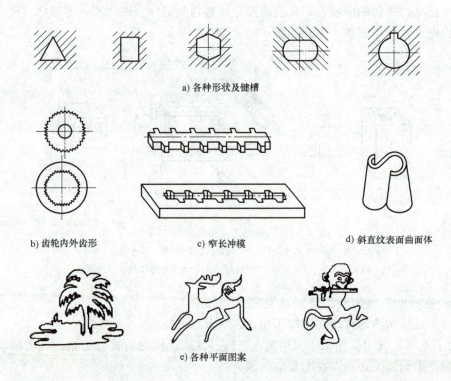

a) 各种形状及键槽

b) 齿轮内外齿形　　c) 窄长冲模　　d) 斜直纹表面曲面体

e) 各种平面图案

图 12-4　常见的数控线切割加工的零件

三、数控电火花线切割机床分类

根据电极丝的运行速度不同，电火花线切割机床通常分为高速走丝、低速走丝和中走丝电火花线切割机床。

1. 高速走丝电火花线切割机床（也称为快走丝）

其电极丝做高速往复运动，一般走丝速度为 8～10m/s。加工时，直流电动机驱动储丝筒旋转，带动电极丝做高速往复移动，然后经导向器导向后整齐地排列在储丝筒上，当储丝筒在滑板上移动到极限位置后，由换向机构传感器发出信号使直流电动机反向旋转进行换向，从而使电极丝在加工中不断做高速往复运动。

2. 低速走丝电火花线切割机床（也称为慢走丝）

其电极丝做低速单向运动，一般走丝速度低于 0.2m/s，精度达 0.001mm 级，表面质量也接近磨削水平。电极丝放电后不再使用，工作平稳、均匀、抖动小、加工质量较好，但加工速度较低。而且采用先进的电源技术，最大生产率可达 350mm²/min。

3. 中走丝电火花线切割机床

所谓"中走丝"，并非指走丝速度介于高速与低速之间，而是复合走丝线切割机床，即走丝原理是在粗加工时采用高速（8～12m/s）走丝，精加工时采用低速（1～3m/s）走丝，这样工作相对平稳、抖动小，并通过多次切割减少材料变形及钼丝损耗带来的误差，使加工质量也相对提高，加工质量可介于高速走丝机与低速走丝机之间。因此，"中走丝"实际上是往复走丝电火花线切割机借鉴了一些低速走丝机的加工工艺技术，并实现了无条纹切割和多次切割。

各类线切割机床如图 12-5 所示。

a) 高速走丝电火花线切割机床　　　　　　　　b) 低速走丝电火花线切割机床

c) 中走丝电火花线切割机床

图 12-5　线切割机床分类

四、机床的结构组成

数控电火花线切割机床主要由坐标工作台、高速走丝机构、床身、工作液系统、脉冲电源和控制器等部分组成。其中 X、Y 坐标工作台是用来装夹被加工工件的，X 轴、Y 轴由控制器发出进给信号，分别控制两步进电动机，运行预定的轨迹。

（1）走丝机构　走丝机构主要由储丝筒组合件上、下拖板，齿轮副，丝杠副，换向装置和绝缘件等部分组成。走丝机构主要用来带动电极丝按一定的线速度移动，并将电极丝整齐地排绕在储丝筒上。

（2）电极丝的运动系统　丝架导轮机构与走丝机构组成了电极丝的运动系统。丝架的主要功用是电极丝按给定的线速度运动时，对电极丝起支承作用，使电极丝工作部分与工作台平面保持一定的几何角度。导轮位于丝架悬臂的端部，丝架通过导轮对电极丝起支承作用。

（3）工作液循环与过滤系统　工作液系统用以在电火花线切割加工过程中，供给有一定绝缘性质的工作介质——工作液，以冷却电极丝和工件，排除电蚀产物等，这样才能保证火花放电持续进行。一般线切割机床的工作液系统包括：工作液箱、工作液泵、流量控制阀、进液管、回液管及过滤网等，其中工作液的清洁程度对加工的稳定性起着重要的作用。

（4）电火花线切割脉冲电源　电火花线切割脉冲电源通常又称为高频电源，由脉冲发生器、推动级、功放及直流电源四部分组成。

（5）坐标工作台的组成　坐标工作台主要由拖板、导轨、丝杠运动副、齿轮副或蜗杆传动副四部分组成。

1）拖板。拖板主要由下拖板、中拖板、上拖板和工作台四部分组成。通常下拖板与床身固定连接；中拖板置于下拖板之上，运动方向为坐标 Y 方向；上拖板置于中拖板之上，运动方向为坐标 X 方向；工作台通过绝缘体与上拖板相连接。其中，上、中拖板一端呈悬臂形式，以放置拖动电动机。

2）导轨。坐标工作台的纵、横拖板是沿着导轨往复移动的。因此，对导轨的精度、刚度和耐磨性有较高的要求。此外，导轨应使拖板运动灵活、平稳。线切割机床常选用滚动导轨，因为滚动导轨可以减少导轨间的摩擦阻力，便于工作台实现精确和微量移动，而且润滑方法也简单。缺点是接触面之间不易保持油膜，抗振能力较差。

3）丝杠传动副。丝杠传动副的作用是将传动电动机的旋转运动变为拖板的直线位移运动。要使丝杠副传动精确，丝杠与螺母应当精确，应保证在 6 级精度或高于 6 级精度。

4）齿轮副。步进电动机与丝杠间的传动通常采用齿轮副来实现。由于齿侧间隙、轴和轴承之间的间隙及传动链中的弹性变形的影响，当步进电动机主轴上的主动齿轮改变传动方向时，会出现传动空程。为了减少和消除齿轮传动空程，应当采用以下措施：

① 采用尽量少的齿轮减速级数，力求从结构上减少齿轮传动精度的误差。

② 采用齿轮副中心距可调整结构，通过改变步进电动机的固定位置实现。

③ 将从动齿轮或介轮沿轴向剖分为双轮的形式。装配时应保证两齿轮廓分别与主动齿轮廓的两侧面接触，当步进电动机变换旋转方向时，丝杠上都能迅速得到相应反应。

五、数控电火花线切割编程

数控线切割编程方法分手工编程和计算机辅助编程两种。手工编程是线切割工作者的一项基本功，它要求操作者必须了解编程所需要的各种计算和编程的原理与过程。但手工编程的计算工作比较繁杂，需要时间较长。近年来，由于计算机的飞速发展，线切割编程大都采用计算机辅助编程。计算机有很强的计算功能，大大减轻了编程工作者的劳动强度，并大幅度地缩短了编程所需的时间。

1. 手工编程

（1）3B 程序格式 线切割程序格式有 3B、4B、5B、ISO 和 EIA 等，使用最多的是 3B 格式。为了与国际接轨，目前有的厂家也使用 ISO 代码。3B 程序格式见表 12-3。

表 12-3 3B 程序格式

N	B	X	B	Y	B	J	G	Z
序号	间隔符	X轴坐标值	间隔符	Y轴坐标值	间隔符	计数长度	计数方向	加工指令

（2）ISO 代码 我国快走丝数控电火花线切割机床与国际上使用的标准基本一致，采用 ISO 代码指令进行编程。但不同厂家生产的数控系统，采用的代码不尽相同，下面以配置 HF 系统的 DK7725 型数控电火花线切割机床为例，介绍使用 ISO 标准 G 代码的编程。

1）建立工件（编程）坐标系指令（G92）。

格式：G92 X_ Y_ ;

其中，X_ Y_ 为程序起点（也称为起割点）在工件坐标系下的绝对坐标。

功能：将编程人员设定的编程原点位置输入机床。因为不同的图样，编程人员选定的原点位置不同，所以每次都需要设定工件坐标系。装夹好工件后，钼丝所处的位置即为起割点，给出起割点坐标，机床即可计算出原点所在位置，从而确定整个图样在原材料上的位置。

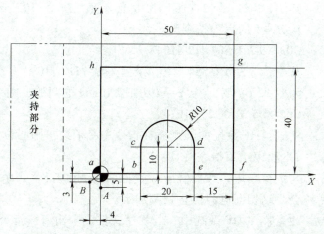

图 12-6 线切割编程示例

如图 12-6 所示，若将工件坐标系原点建立在 a 点，起割点为 A，则编程指令如下：

G92 X0 Y-5;

2）直线插补指令（G01）。

格式：G01 X_ Y_ ;

其中，X_ Y_ 为直线段切割终点的绝对坐标。

功能：用于线切割机床在各个坐标平面内加工任意斜率的直线轮廓。

如图 12-6 所示，从 A→a 进行切割，则编程指令如下：

G01 X0 Y0;

从 a→b 进行切割，则编程指令如下：

G01 X15 Y0;

3）圆弧插补指令（G02/G03）。

格式：$\begin{cases} G02 \ X\_ \ Y\_ \ I\_ \ J\_ \ ; \\ G03 \ X\_ \ Y\_ \ I\_ \ J\_ \ ; \end{cases}$

其中，G02 表示顺时针圆弧插补指令，G03 表示逆时针圆弧插补指令，X x_1 Y y_1 表示圆弧终点的绝对坐标，I x_2 J y_2 表示圆心的绝对坐标，如图 12-7 所示。顺时针和逆时针的判断方式为垂直纸面由外向内看，如图 12-8 所示，从 A 到 B 即为顺时针，反之为逆时针。

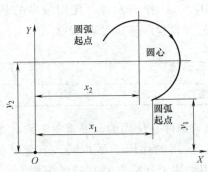

图 12-7　圆弧插补指令坐标示意图

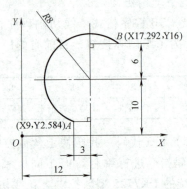

图 12-8　圆弧示例

如图 12-8 所示，从 A→B 的编程指令为：

G02 X17. 292 Y16 I12 J10；

其中，"X17. 292 Y16" 为 B 点坐标，"I12 J10" 为 C 点坐标。

从 B→A 的编程指令为：

G03 X9 Y2. 584 I12 J10；

其中，"X9 Y2. 584" 为 A 点坐标，"I12 J10" 为 C 点坐标。

如图 12-6 所示，从 c→d 切割 R10mm 的圆弧，则编程指令如下：

G02 X35 Y10 I25 J10；

注意：HF 系统的圆弧插补指令中必须给出圆心位置 I_ J_ ，不能用 R_ 表示。

4）程序结束指令（M02）。

与数控车床、数控铣床等类似，用 M02 指令表示程序结束。程序执行到 M02 指令时，系统会自动切断电源停止切割加工。

注意：在 HF 系统中，若程序文件中未输入该指令，则在"读盘"时，系统在右下角提示："执行有错"，读取程序文件失败。

2. 计算机辅助编程

由于计算机技术的飞速发展，新近制造的数控线切割机床很多都有计算机辅助编程系统。计算机辅助编程系统类型较多，按输入方式不同，大致可分为：①采用语言输入；②采用中文或西文菜单及语言输入；③采用 AutoCAD 方式输入；④采用鼠标按图形标注尺寸输入；⑤用数字化仪器输入；⑥用扫描仪输入等。从输出方式看，大部分能输出 3B 代码或 ISO 代码，同时把编出的程序直接传输到线切割控制器。另外还有编程兼控制的系统。这里以 YH 绘图式线切割自动编程系统为例。

YH 绘图式线切割自动编程系统是融绘图、编程为一体的线切割编程系统，其特点如下：

1）采用全绘图式编程，只要按照工件图样上标注的尺寸在计算机屏幕上作图输入，即可完成自动编程，输出 3B 代码或 ISO 代码切割程序，无须硬记编程语言规则。

2）只用鼠标和计算机键盘输入就可以完成全部编程，过程直观明了。

3）能显示图形，有中英文对照提示，用弹出式菜单和按钮操作。

4）具有图形编辑和几何图形的交、切点坐标求解功能，二切、三切圆生成功能，免除了繁琐的坐标点计算。

5）具有自动尖角修圆、过渡圆处理、非圆曲线拟合、齿轮生成、大圆弧处理以及 ISO 代码与 3B 代码相互转换等功能。

6）有跳步模设定、对各型框做不同的补偿处理、切割加工面积自动计算等功能。

7）编程后的 ISO 代码或 3B 代码可输出打印，并且直接输入线切割控制器，控制线切割机床。

六、数控线切割加工工艺的制订

数控电火花线切割加工，一般是作为工件加工的最后工序。要达到加工精度及表面粗糙度的要求，应合理控制线切割加工时的各种工艺因素（电参数、切割速度和工件装夹等），同时应安排好零件的工艺路线及线切割加工前的准备。线切割加工的工艺过程如图 12-9 所示。

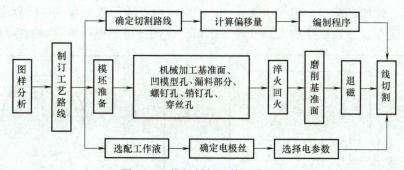

图 12-9　线切割加工的工艺过程

数控线切割机床的加工过程，主要包括以下几个步骤：首先，根据工件的图样，分析图样所需的工艺，如钼丝轨迹、原材料定位等；然后，设定图样编程时所需的坐标系并计算所需点的坐标值；最后，根据确定好的轨迹路线及坐标进行编程加工。

1. 零件图的工艺分析

数控线切割加工中，钼丝的切割轨迹只能为直线或圆弧，因此在编制线切割加工程序前，首先要对零件的图样进行分析和修正，用直线和圆弧近似代替图样中非直线、圆弧部分。同时，明确图中尺寸标注特点、尺寸特点，分析尺寸标注是否完整、轨迹连接关系是否明确等。其次，明确加工要求，分析零件的加工精度、表面粗糙度是否在线切割加工能达到的范围之内，以便在加工中选择正确的切割轨迹及加工工艺参数。此外，还需要考虑零件如何装夹、定位，加工过程中哪些部位会发生变形，以便在编程加工中通过选择适宜的切割轨迹或增加支承等方法解决。

不适合或不能使用电火花线切割加工的工件，有以下几种：

1）表面粗糙度和尺寸精度要求很高，切割后无法进行手工研磨的工件。

2）窄缝小于电极丝直径加放电间隙的工件，或图形内拐角处不允许带有电极丝半径加放电间隙所形成的圆角的工件。

3）非导电材料。

4）厚度超过丝架跨距的零件。

5）加工长度超过 x、y 拖板行程长度，且精度要求较高的工件。

2. 工件坐标系及工件原点的选择

数控电火花线切割编程，需要使用各基点坐标，故首先要选取坐标系及坐标原点。工件坐标系的原点（即编程原点）由编程人员自行选取，无特殊要求，一般选择在便于测量或电极丝便于定位的位置上。若零件为对称图形，应尽量选择在零件的对称中心，以简化编程计算。

3. 工艺准备

（1）合理地确定切割路线　加工路线，即钼丝切割工件时所走的轨迹。加工路线选择不当，直接影响工件材料内部组织及内应力，从而影响工件的加工精度。因此，必须考虑工件在坯料中的取出位置，合理选择切割路线的走向和起点。如图 12-10a 所示，加工程序引入点为 A，起点为 a，则切割路线走向有：

① $A \rightarrow a \rightarrow b \rightarrow c \rightarrow d \rightarrow e \rightarrow f \rightarrow a \rightarrow A$；

② $A \rightarrow a \rightarrow f \rightarrow e \rightarrow d \rightarrow c \rightarrow b \rightarrow a \rightarrow A$。

若采用第二种加工路线，则在切割 $A \rightarrow a \rightarrow f$ 后，由于零件部分与夹持部分连接过少，零件会产生严重变形，导致后续加工尺寸等发生偏差，甚至可能中途影响切割或导致断丝等。

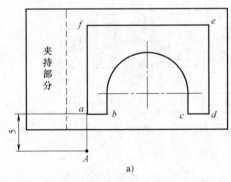 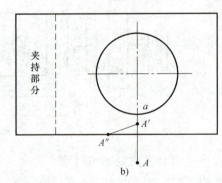

图 12-10　加工路线选择

此外，在线切割中若毛坯四周皆为未加工表面，为减小变形量，引入点通常不能与程序起点重合，因此需要设置引入程序。电极丝切割的图样轨迹与原材料边缘的距离应大于 5mm，如图 12-10a 所示。

有时工件轮廓切完之后，钼丝还需沿切入路线反向切出。但是材料的变形易使切口闭合，当钼丝切至边缘时，会卡断钼丝。所以应在切出过程中，增加一段保护钼丝的切出程序，如图 12-10b 所示（$A'-A''$）。A' 点距工件边缘的距离应根据变形力的大小而定，一般为 1mm 左右。

（2）工件毛坯的准备

1）下料。用锯床切断所需材料。

2）锻造。改善内部组织，并锻成所需的形状。

3）退火。消除锻造内应力，改善加工性能。

4）刨（铣）。刨六面，并留磨削余量 0.4~0.6mm。

5）磨。磨出上下平面及相邻两侧面，对角尺。

6）划线。划出刃口轮廓线和孔（螺孔、销孔和穿丝孔等）的位置。

7）加工型孔部分。当工件较大时，为减少线切割加工量，需将型孔漏料部分铣（车）出，只切割刃口高度；对淬透性差的材料，可将型孔的部分材料去除，留 3~5mm 的切割余量。

8）孔加工。加工螺孔、销孔和穿丝孔等。

9）淬火。淬火达设计要求。

10）退磁处理

注意：①切割轮廓线与毛坯侧面之间应留足够的切割余量（一般不小于 5mm）。毛坯上还要留出装夹部位。

②在有些情况下，为防止切割时模坯产生变形，要在模坯上加工出穿丝孔。切割的引入程序从穿丝孔开始。

（3）穿丝孔和电极丝切入位置的选择　如图 12-11 所示，凸模一般需要加工穿丝孔，电极丝从穿丝孔穿过，切入工件，凹模则从外侧直接切入工件。

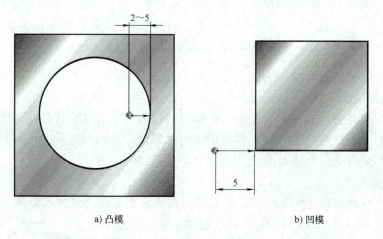

a) 凸模　　　　　　　　　　　　b) 凹模

图 12-11　切入位置的选择

（4）电极丝位置的调整　线切割加工之前，应将电极丝调整到切割的起始坐标位置上，其调整方法有以下几种：

1）目测法。如图 12-12 所示，利用穿丝处划出的十字基准线，分别沿划线方向观察电极丝与基准线的相对位置，根据两者的偏离情况移动工作台，当电极丝中心分别与纵、横方向基准线重合时，工作台纵、横方向上的读数就确定了电极丝中心的位置。

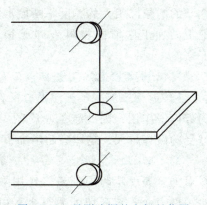

2）火花法。如图 12-13 所示，移动工作台使工件的基准面逐渐靠近电极丝，在出现火花的瞬时，记下工作台的相应坐标值，再根据放电间隙推算电极丝中心的坐标。此法简单易行，但往往因电极丝靠近基准面时产生的放电间隙，与正常切割条件下的放电间隙不完全相同而产生误差。

图 12-12　目测法调整电极丝位置

3）自动找中心。该方法就是让电极丝在工件孔的中心自动定位，如图 12-14 所示。根据线电极与工件的短路信号，来确定电极丝的中心位置。数控功能较强的线切割机床常用这种方法。

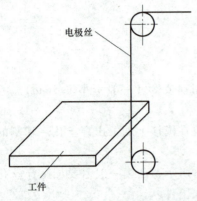

图 12-13　火花法调整电极丝位置

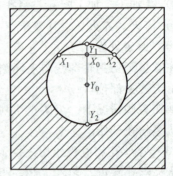

图 12-14　自动找中心

第四节　超声加工

声波是一种能够被人耳感知的纵波，其频率在 16～16000Hz 范围内。频率超过 16000Hz 的声波就称为超声波。

超声加工也称为超声波加工，在加工硬脆材料等方面有比较显著的优越性。超声加工是利用超声振动的工具，带动工件和工具间的磨料悬浮液，冲击和抛磨工件的被加工部位，使其局部材料破碎成粉末，以进行穿孔、切割和研磨等的加工方法。

一、超声的加工原理

超声的加工原理如图 12-15 所示。加工时，在工件和工具之间加入液体（水或煤油）和磨料混合的悬浮液，并使工具以很小的力轻轻压在工件上。超声波发生器产生的超声频振荡，通过换能器转换成 16000Hz 以上的超声频纵向振动，并借助于变幅杆把振幅放大到 0.05～0.1mm。变幅杆驱动工具做超声频振动，并以工具端面迫使工作液中悬浮的磨粒以很大的速度不断撞击和研磨工作表面，把工件加工区域的材料破碎成很细的微粒并打击下来。

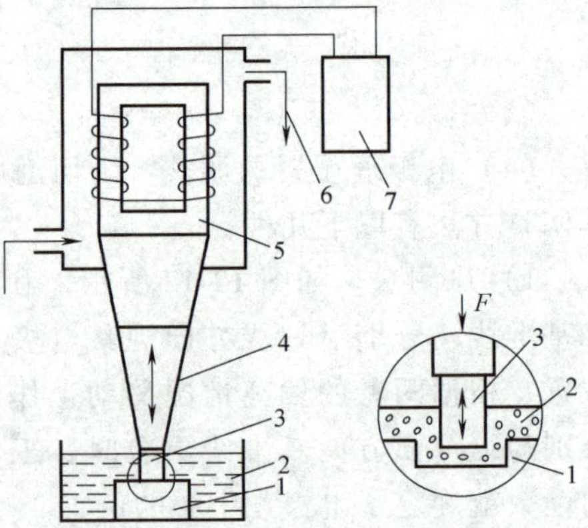

二、超声加工的工艺特点

1) 适用于加工各种硬脆材料。超声加工是基于局部撞击作用，因此越是硬脆的材料，受撞击作用遭受的破坏越大，越适宜超声加工。

2) 加工质量较好。由于超声加工是靠极小的磨料对加工表面瞬时局部撞击作用除去加工材料，故对工件表面的宏观切削力很小，切削应力和切削热也很小，不会引起变形和烧伤。表面粗糙度值为 1.0～0.1μm，加工精度可达 0.02～0.01mm。而且能加工薄壁、窄缝和低刚度零件。

图 12-15　超声的加工原理

1—工件　2—悬浮液　3—工具
4—振幅扩大棒（变幅杆）　5—换能器
6—冷却水　7—超声波发生器

3）操作方便。由于超声加工使用的工具由较软的材料制成，故工具的形状可以较为复杂，从而使工件与工具之间的相对运动较为简单。机床结构简单，操作维修方便。

4）超声加工的生产率较低。

三、超声加工的应用

超声加工不仅能加工硬质合金、淬火等硬脆材料，而且更适合于加工玻璃、陶瓷、半导体锗和硅片等不导电的非金属硬脆材料。

超声加工的生产率虽然比电火花、电解加工还要低，但是其加工精度好，加工后的表面粗糙度值较小。因此，常常安排超声加工进一步提高加工质量。

超声加工目前主要用于加工硬脆材料上的圆孔、型孔、型腔、套料和微细孔等。

超声加工还用于清洗加工和焊接加工。

第五节 特种加工发展趋势

特种加工技术近十几年来得到了快速发展，在世界范围内越来越受到人们的重视，发挥的作用也越来越大。特种加工采用不同的能量形式加工零件，相对于传统的切削加工技术，特种加工普遍具有以柔克刚、加工力影响较小等优势。为进一步提高特种加工技术水平及扩大其应用范围，当前特种加工技术的发展趋势主要包括以下几点：

1）采用自动化技术。

2）趋向精密化研究。

3）开发新工艺方法及复合工艺。

4）污染问题是影响和限制有些特种加工应用、发展的严重障碍。

5）进一步开拓特种加工技术。

细微化是特种加工技术发展的重要趋势，由于当前的工业产品越来越追求小型化和微型化，微细结构和微细零件的加工需求不断增长，同时带动了各种制造技术向小型化、微细化发展。例如，细微的电火花加工、微细的电化学加工、微细的激光加工、微细的离子束加工等技术可以实现很小尺度内的加工，这些技术在国内外都发展得很快而且得到越来越广泛的应用。

一、人工智能技术的发展为特种加工工艺规律建模奠定了基础

特种加工的微观物理过程非常复杂，往往涉及电磁场、热力学、流体力学、黏弹性力学和电化学等诸多领域，其加工机理的理论研究极其困难，通常很难用简单的解析式来表达。近年来，虽然各国学者采用各种理论对不同的特种加工技术进行了深入的研究，并取得了卓越的理论成就，但离定量的实际应用还有一定距离。目前特种加工的工艺参数只能凭经验选取，还难以实现最优化和自动化，但随着模糊数学、神经元网络及专家系统等多种人工智能技术的发展，人们开始尝试利用这一技术来建立加工效果和加工条件之间的定量化的精度、效率、经济性等实验模型，并取得了初步的成果。因此，通过实验建模，将典型加工实例和加工经验作为知识存储起来，建立描述特种加工工艺规律的可扩展性开放系统的条件已经成熟，并为进一步开展特种加工工艺过程的计算机模拟，应用人工智能选择零件的工艺规程和虚拟加工奠定了基础。

1. 智能控制将成为特种加工领域主要的控制策略

多数特种加工方法采用"以柔克刚"的非接触式加工机制，加工伴随着化学过程进行，

其加工的微观过程非常复杂，迄今为止仍不能用一个确定的数学模型来描述，而且随着加工过程的进行，加工条件有时还会发生较大的变化，引起加工特性随时间而变化。因此，在控制理论中属于典型的模型不确定非线性时变系统，很难用经典的和现代的控制理论方法获得理想的结果。多年来人们尝试过很多种自适应控制策略，取得了很大的进展，但在加工条件大幅度变化的情况下仍难以达到满意的性能。

近年来，人们把更多的注意力转移到模糊控制、神经控制等智能控制的研究和应用上来，并在电火花成形加工和电火花线切割加工的过程控制方面取得了突破，已成功用于国外的高档机床上，它可自动选取最优参数，自动监测加工过程，实现自动化、最优化控制。同时尚可对模糊控制器引入自适应控制功能或与人工神经网络技术相结合，使其具有自学习功能，从而达到提高加工速度，稳定加工过程，减少对操作者技术依赖的目的。由于这种控制策略采用模拟人类智能活动的方法，可以在很大程度上允许系统存在不确定性、非线性和时变性，可以预见，它将是未来几年特种加工领域首选的控制策略。

2. 新兴的特种加工技术将对制造业的生产模式产生深刻的影响

20世纪80年代末，产生了一批新型的高效特种加工技术，目前对这些加工技术的机理及应用的研究工作方兴未艾。这些新兴的特种加工技术已对整个制造业的生产模式产生了深刻的影响，尤其是下列技术，其广泛应用将显著地提高零件和模具快速制造的能力。

（1）快速成形技术 采用了材料堆积成形的原理，突破了传统的去材法和变形法机械加工的许多限制，在不需要工具和模具的情况下，能迅速制造出任何复杂形状又有一定功能的三维实体模型或零件。目前已有多种快速成形工艺实现商品化，如激光选择性光敏树脂固化（SLA）、熔融沉积制造（FDM）、分层实体制造（LOM）、激光选择性烧结（SLS）、三维打印（3DP）等。将快速成形技术与电铸、电弧喷涂、等离子喷涂、等离子熔射成形和电火花等特种加工技术相结合，已开发出多种基于快速成形的后续组合工艺技术，为金属零件、非金属零件和金属模具的快速制造提供了崭新的技术手段。

（2）等离子体熔射成形工艺技术 它是以等离子体射流为热源，在各种特定的工艺条件下使材料集结成形的零件制造方法。由于等离子体射流具有温度高，能熔化所有材料；喷射速度快，可赋予熔粒以高的动能；工艺参数调整方便，能获得较高的沉积速度；可加惰性保护气体以保证制件内部无杂质等一系列优点，尤其适用于陶瓷、复合材料、高硬度高熔点合金等材料的复杂形状薄壁件的快速制造，应用前景十分广阔。但目前对这一技术的研究还处于起步阶段。

（3）在线电解修整砂轮（ELID）镜面磨削技术 该技术利用弱电解过程中的阳极溶解现象，对铸铁等金属结合剂金刚石砂轮进行在线电解修整。经修整的砂轮，不仅表面被整平，而且形成一定厚度的氧化膜层。在砂轮高速旋转时，该膜层摩擦或刮削被加工面，实现硬脆材料光滑表面的磨削，或实现在定常加工压力下的ELID（电解在线砂轮修整技术）研磨抛光，其中电解修锐参数是影响加工质量的关键。该技术在硬脆材料及金属零件实现高效的精密及镜面一体化加工具有十分广阔的应用前景。目前在大量实验的基础上，通过工艺技术规准的建立、磨削压力的控制和研制出砂轮电解修锐智能控制电源等，已可以实现对各类超硬材料的高效镜面磨削。

（4）时变场控制、电化学机械复合加工技术 它是利用电化学机械加工中，电化学溶解电场容易实现实时计算机控制的特点，实现加工过程中金属零件表面各处有选择地去除，以达到高几何精度、低表面粗糙度值的复合加工方法。其最大特点是可以实现金属零件的尺寸、形状精密加工和光整加工的一体化，能显著地提高生产率。这一技术在硬齿面大齿轮、修形轧辊等零件的精密加工中，具有极为广阔的应用前景。

（5）电火花混粉大面积镜面加工技术　它是采用在电火花工作液中加入一定的导电粉末以增大放电间隙，使放电点分散的策略来实现的。它能方便地加工出表面粗糙度值不大于 $0.8\mu m$ 的表面。目前沙迪克公司、三菱电机公司已开发出利用这一技术的电加工机床，但尚缺乏工艺技术规准，且要严格控制混粉加工蚀除量，否则会影响表面平整度。通常模具表面粗糙度改善一级，其使用寿命可以提高 50%，但由于模具三维型腔本身形状复杂，抛光过程难以实现自动化，目前仍以手工作业为主。因此，这一技术的成熟必将大大提高模具型腔加工的效率。

（6）磁粒研磨技术　它是用磁场超距作用于高磁导率的散粒体磨料来实现复杂曲面研磨抛光的，其突出的优点是不必严格控制磨头与被抛光表面间的相对位置，易于实现抛光自动化，且抛光工具结构简单，设备成本低。尤其适合于薄壁、细小、内凹零件的抛光。目前在对磁力研磨加工机理研究的基础上，详细研究了磁场强度、磨料粒度、形状等对去除量及表面粗糙度的影响规律，并通过有限元法对旋转磁场进行模拟计算，从而了解到旋转磁场的动态过程。

综上所述，特种加工技术的地位越来越重要，已成为现代制造技术不可分割的重要组成部分，其发展和完善对整个快速制造体系的形成起着关键的作用。

二、一些新型特种加工技术

1. 激光加工技术

国外激光加工设备和工艺发展迅速，现已拥有 100kW 的大功率二氧化碳激光器、kW 级高光束质量的 Nd：YAG 固体激光器，有的可配上光导纤维进行多工位、远距离工作。激光加工设备功率大、自动化程度高，已普遍采用 CNC 控制、多坐标联动，并装有激光功率监控、自动聚焦、工业电视显示等辅助系统。

激光制孔的最小孔径已达 0.002mm，已成功地应用自动化六坐标激光制孔专用设备加工航空发动机涡轮叶片、燃烧室气膜孔，达到无再铸层、无微裂纹的效果。激光切割适用于由耐热合金、钛合金和复合材料制成的零件。目前薄材切割速度可达 15m/min，切缝窄，一般在 0.1~1mm 之间，热影响区只有切缝宽的 10%~20%，最大切割厚度可达 45mm，已广泛应用于飞机三维蒙皮、框架、舰船船身板架、直升机旋翼和发动机燃烧室等。

2. 电子束加工技术

电子束加工技术在国际上日趋成熟，应用范围广。国外定型生产的 40~300kV 的电子枪（以 60kV、150kV 为主），已普遍采用 CNC 控制、多坐标联动，自动化程度高。电子束焊接已成功地应用在特种材料、异种材料、空间复杂曲线和变截面焊接等方面。目前正在研究焊缝自动跟踪、填丝焊接和非真空焊接等，最大焊接熔深可达 300mm，焊缝深宽比达 20：1。电子束焊已用于运载火箭、航天飞机等主承力构件大型结构的组合焊接，以及飞机梁、框、起落架部件、发动机整体转子、机匣、功率轴等重要结构件和核动力装置压力容器的制造。例如：F-22 战斗机采用先进的电子束焊接，减轻了飞机重量，提高了整机的性能；"苏-27"及其他系列飞机中的大量承力构件，如起落架、承力隔框等，均采用了高压电子束焊接技术。

3. 等离子束及等离子体加工技术

表面功能涂层具有高硬度、耐磨、耐蚀功能，可显著提高零件的寿命，在工业上具有广泛用途。美国及欧洲国家目前多数用微波 ECR 等离子体源来制备各种功能涂层。等离子体热喷涂技术已经进入工程化应用，已广泛应用在航空、航天、船舶等领域的产品关键零部件耐磨涂层、封严涂层、热障涂层和高温防护层等方面。

习题与思考题

1. 特种加工与传统加工相比，有哪些特点？
2. 电火花加工的基本原理是什么？
3. 电火花加工一般使用什么工作液？
4. 电火花加工的局限性有哪些？
5. 电火花穿孔成形加工有哪两种用途？分别简述之。
6. 简述电火花线切割机床的加工原理。
7. 简述电火花线切割加工的加工特点及加工工艺范围。
8. 电火花线切割时如何调整电极丝与工件的相对位置？
9. 简述数控电火花线切割加工时所使用的工作液及其作用。

附 录

加工中心的保养

数控加工中心是一种综合应用了计算机技术、自动控制技术、自动检测技术、精密机械设计和制造等先进技术的高新技术的产物，是技术密集程度及自动化程度都很高的、典型的机电一体化产品。与普通机床相比，加工中心不仅具有零件加工精度高、生产率高、产品质量稳定、自动化程度极高的特点，而且可以完成普通机床难以完成或根本不能加工的复杂曲面的零件加工。加工中心是否能达到加工精度高、提高生产率的目标，这不仅取决于加工中心本身的精度和性能，很大程度上取决于对加工中心的维护和保养。加工中心的结构特点决定了它与普通设备在维护、保养方面存在很大的差别。只有正确做好对设备的维护、保养工作，才可以延长元器件的使用寿命，延长机械部件的磨损周期，防止意外恶性事故的发生，确保加工中心长时间稳定运行；也才能充分发挥加工中心的加工优势，达到加工中心的技术性能，确保安全可靠运行。因此，加工中心的维护与保养非常重要，必须高度重视。对维护过程中发现的故障隐患应及时清除，避免停机待修，从而延长设备平均无故障时间，增加可利用率。开展点检是加工中心维护的有效办法。

1. 加工中心日常保养

预防性维护的关键是加强日常保养，主要的保养工作有下列内容：

（1）日检及维护　其主要项目包括液压系统、主轴润滑系统、导轨润滑系统、冷却系统和气压系统。日检就是根据各系统的正常情况来加以检测。例如：当进行主轴润滑系统的过程检测时，电源灯应亮，液压泵应正常运转；若电源灯不亮，则应保持主轴停止状态，与工程师联系，进行维修。

（2）月检及维护

1）主要项目包括机床零件、主轴润滑系统，应该对其进行正确的检查，特别是对机床加工处要清除铁屑，进行外部杂物清扫。

2）对电源和空气干燥器进行检查。电源电压在正常情况下达到额定电压规定值，频率50Hz，如有异常，要对其进行测量、调整。空气干燥器应该定期拆一次，然后进行清洗、装配。

（3）季检及维护

1）对加工中心床身进行检查。例如，对床身进行检查时，主要看加工中心精度、加工中心水平是否符合规定要求。

2）对加工中心的液压系统、主轴润滑系统以及 X 轴进行检查，如出现问题，应该更换新油，然后进行清洗工作。

（4）液压系统异常现象的原因与处理　当液压泵不喷油、压力不正常、有噪声等现象出现时，应知道其主要原因及相应的解决方法。对液压系统主要应从三个方面加以了解：

1）液压泵不喷油。主要原因可能有油箱内液面低、液压泵反转、转速过低、油黏度过高、油温低、过滤器堵塞、吸油管配管容积过大、进油口处吸入空气、轴和转子有破损处等。相应的解决方法有：注满油、确认标牌、当液压泵反转时变更过来等。

2）压力不正常。即压力过高或过低。其主要原因也是多方面的，如压力设定不适当、压力调节阀线圈动作不良、压力表不正常、液压系统有泄漏等。相应的解决方法有：按规定压力设置拆开清洗、换一个正常压力表、对各系统依次检查等。

3）噪声超标。噪声主要是由液压泵和阀产生的。当阀噪声超标时，其原因是流量超过了额定标准，应该适当调整流量；当液压泵噪声超标时，其原因及相应的解决方法也是多方面的。如油的黏度高、油温低，解决方法为适当升高油温；油中有气泡时，应放出系统中的空气等。

2. 加工中心机械部分的维护保养

加工中心机械部分的维护保养主要包括：主轴部件、进给传动机构和导轨等的维护保养。

（1）主轴部件的维护保养　主轴部件是加工中心机械部分中的重要组成部件，主要由主轴、轴承、主轴准停装置和自动夹紧装置等组成。主轴部件的润滑、冷却与密封是加工中心使用和维护过程中值得重视的几个问题。

1）良好的润滑效果，可以降低轴承的工作温度和延长其使用寿命，为此，在操作使用中要注意到：低速时，采用油脂、油液循环润滑；高速时，采用油雾、油气润滑方式。但是，在采用油脂润滑时，主轴轴承的封入量通常为轴承空间容积的 10%，切忌随意填满，因为油脂过多，会加剧主轴发热。对于油液循环润滑，在操作中要做到每天检查主轴润滑恒温油箱，看油量是否充足。

为了保证主轴有良好的润滑，减少摩擦发热，同时又能把主轴组件的热量带走，通常采用循环式润滑系统，用液压泵强力供油润滑，使用油温控制器控制油箱油液温度。加工中心主轴轴承采用高级油脂封存方式润滑，每加 1 次油脂可以使用 7~10 年。

常见主轴润滑方式有两种，即油气润滑和喷注润滑。油气润滑方式近似于油雾润滑方式，但油雾润滑方式是连续供给油雾，而油气润滑是定时定量地把润滑油送进轴承空隙中，这样既实现了润滑，又避免了油雾太多而污染周围环境；喷注润滑方式是用较大流量的恒温油（每个轴承 3~4L/min）喷注到主轴轴承，以达到润滑、冷却的目的。这里较大流量喷注的油，必须靠排油泵强制排油，而不是自然回流。同时，还要采用专用的大容量高精度恒温油箱，油温变动控制在 ±0.5℃。

2）主轴部件的冷却主要是以减少轴承发热，有效控制热源为主。

3）主轴部件的密封则不仅要防止灰尘、屑末和切削液进入主轴部件，还要防止润滑油的泄漏。主轴部件的密封有接触式和非接触式两种。对于采用接触式密封的，要注意检查其磨耗、破损和老化程度；对于非接触式密封，为了防止泄漏，重要的是保证回油能够尽快排掉，要保证回油孔的通畅。

（2）进给传动机构的维护保养　进给传动机构的机电部件主要有：伺服电动机及检测元件、减速机构、滚珠丝杠螺母副、丝杠、轴承、运动部件（工作台、主轴箱、立柱等）。这里主要对滚珠丝杠螺母副的维护保养加以介绍。

1）滚珠丝杠螺母副轴向间隙的调整。滚珠丝杠螺母副除了对本身单一方向的进给运动精度有要求外，对轴向间隙也有严格的要求，以保证反向传动精度。因此，在操作使用中要注意由于丝杠螺母副的磨损而导致的轴向间隙，可采用调整法加以消除。

2）双螺母垫片式消隙。调整方法：改变垫片的厚度，使两个螺母产生轴向位移。在双螺母间加垫片的形式可由专业生产厂根据用户要求事先调整好预紧力，使用时装卸非常方便。此法能较准确调整预紧量，结构简单、刚度好、工作可靠。

（3）导轨的维护保养　导轨的维护保养主要是导轨润滑和导轨防护。

1）导轨的润滑。导轨润滑的目的是减少摩擦阻力和摩擦磨损，以避免低速爬行和降低高温时的温升。对于滑动导轨，采用润滑油润滑；而滚动导轨，则润滑油或者润滑脂均可。导轨的油润滑一般采用自动润滑，操作使用中要注意检查自动润滑系统中的分流阀，如果它发生故障则会造成导轨不能自动润滑。此外，必须做到每天检查导轨润滑油箱的油量，如果油量不够，则应及时添加润滑油；同时要注意检查润滑液压泵是否能够定时起动和停止。

2）导轨的防护。在使用中要注意防止切屑、磨粒或者切削液散落在导轨面上，否则会引起导轨的磨损加剧、擦伤和锈蚀。为此，要注意导轨防护装置的日常检查，以保证对导轨的防护。

（4）回转工作台的维护保养　加工中心的圆周进给运动一般由回转工作台来实现，对于加工中心其回转工作台已成为一个不可缺少的部件。因此，在操作使用中要注意严格按照回转工作台的使用说明书要求和操作规程正确操作使用。要特别注意回转工作台转动机构和导轨的润滑。

3. 加工中心辅助装置的维护保养

加工中心辅助装置的维护保养主要包括：数控分度头、自动换刀装置、液压系统和气压系统的维护保养。

（1）数控分度头的维护保养　数控分度头的作用是按照数控装置的指令做回转分度或者连续回转进给运动，使数控机床能够完成指定的加工精度。因此，在操作使用中要注意严格按照数控分度头的使用说明书要求和操作规程正确操作使用。

（2）自动换刀装置的维护保养　自动换刀装置具有根据加工工艺要求自动更换所需刀具的功能，以帮助数控机床节省辅助时间，并满足在一次安装中完成多工序、多工步的加工要求。因此，在操作使用中要注意经常检查自动换刀装置各组成部分的机械结构的运转是否正常工作、是否有异常现象，检查润滑是否良好等，并且要注意换刀可靠性和安全性检查。

（3）液压系统的维护保养

1）定期对油箱内的油进行检查、过滤、更换；检查冷却器和加热器的工作性能，控制油温。

2）定期检查更换密封件，防止液压系统泄漏。

3）定期检查清洗或更换液压件、滤芯，定期检查清洗油箱和管路。

4）严格执行日常点检制度，检查系统的泄漏、噪声、振动、压力和温度等是否正常。

（4）气压系统的维护保养

1）选用合适的过滤器，清除压缩空气中的杂质和水分。

2）检查系统中油雾器的供油量，保证空气中有适量的润滑油来润滑气动元件，防止生锈、磨损造成空气泄漏和元件动作失灵。

3）保持气动系统的密封性，定期检查更换密封件。

4）定期检查清洗或更换气动元件、滤芯。

4. 数控系统的使用维护

数控系统是加工中心电气控制系统的核心。每台加工中心数控系统运行一定时间后，某些元器件难免出现一些损坏或故障。为了尽可能地延长元器件的使用寿命，防止各种故障，特别是恶性事故的发生，就必须对数控系统进行日常维护和保养。其主要包括：数控系统的检查和数控系统的日常维护。

（1）数控系统的检查

1）数控系统通电前的检查。

① 数控装置内的各个印制电路板安装是否紧固，各个插头有无松动。

② 数控装置与外界之间的连接电缆是否按随机提供手册的规定，正确而可靠地连接。

③ 交流输入电源的连接是否符合数控装置规定的要求。

④ 数控装置中各种硬件的设定是否符合要求。

2）数控系统通电后的检查。

① 数控装置中各个风扇是否正常运转。

② 各个印制电路板或模块上的直流电源是否正常，是否在允许的波动范围之内。

③ 数控装置的各种参数（包括系统参数、PLC参数等），应根据随机所带的说明书一一予以确认。

④ 当数控装置与加工中心联机通电时，应在接通电源的同时，做好按压紧急停止按钮的准备，以备出现紧急情况时随时切断电源。

⑤ 用手动以低速移动各个轴，观察加工中心移动方向的显示是否正确。然后让各轴碰到各个方向的超程开关，用以检查超程限位是否有效，数控装置是否在超程时发出报警。

⑥ 进行几次返回加工中心基准点的动作，用来检查加工中心是否有返回基准点功能，以及每次返回基准点的位置是否完全一致。

⑦ 按照加工中心所用的数控装置使用说明书，用手动或编制程序的方法来检查数控系统所具备的主要功能，如定位、各种插补、自动加速/减速、各种补偿和固定循环等功能。

（2）数控系统的日常维护

1）根据不同数控设备的性能特点，制订严格的数控系统日常维护的规章制度，并且在使用和操作中严格执行。

2）应尽量少开启数控柜和电控柜的门。由于加工环境的空气可能会含有油雾、漂浮的灰尘甚至金属粉末，一旦散落在数控装置内的印制电路板或电子器件上，容易引起元器件间绝缘电阻下降，并导致元器件及印制电路板的损坏。因此，除非进行必要的调整和维修，否则不允许加工时敞开柜门。

3）定时清理数控装置的散热通风系统。应每天检查数控装置上各个冷却风扇工作是否正常。视工作环境的状况，每半年或每季度检查1次风道过滤器是否有堵塞现象，如过滤网上灰尘积聚过多应及时清理，否则会引起数控装置内温度过高（一般≤60℃），致使数控系统不能可靠地工作，发生过热报警现象。

4）定期检查和更换直流电动机电刷。直流电动机电刷的过度磨损将会影响电动机的性能，甚至造成电动机损坏。为此，应对电动机电刷进行定期检查和更换，检查周期随加工中心使用频繁度而异，一般每半年或1年检查1次。

5）经常监视数控装置使用的电网电压。数控装置通常允许电网电压在额定值的±（10%～

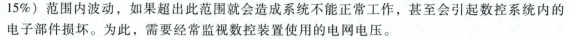

15%）范围内波动，如果超出此范围就会造成系统不能正常工作，甚至会引起数控系统内的电子部件损坏。为此，需要经常监视数控装置使用的电网电压。

6）存储器使用的电池需要定期更换。存储器如采用 CMOS RAM 器件，为了在数控系统不通电期间能保持存储的内容，设有可充电电池维持电路。在正常电源供电时，由 +5V 电源经一个二极管向 CMOS RAM 供电，同时对可充电电池进行充电；当电源停电时，则改由电池供电维持 CMOS RAM 信息。在一般情况下，即使电池仍未失效，也应每年更换 1 次，以便确保系统能正常工作。电池的更换应在 CND 装置通电状态下进行。

7）备用印制电路板的维护。印制电路板长期不用是容易出故障的。因此，对于已购置的备用印制电路板应定期装到数控装置上通电运行一段时间，以防损坏。

8）数控系统长期不用时的保养。为提高系统的利用率和减少系统的故障率，数控机床长期闲置不用是不可取的。若数控系统处在长期闲置的情况下，必须注意以下两点：

① 要经常给系统通电，特别是在环境温度较高的梅雨季节更是如此。应在加工中心锁住不动的情况下，让系统空运行，利用电气元件本身的发热来驱散装置内的潮气，保证电子元件性能的稳定可靠。在空气湿度较大的地区，经常通电是降低故障率的一个有效措施。

② 如果加工中心的进给轴和主轴采用直流电动机来驱动，应将电刷从直流电动机中取出，以免由于化学腐蚀作用，使换向器表面腐蚀，造成换向性能变坏，导致整台电动机损坏。

5. 加工中心强电系统的维护保养

加工中心电气控制系统除了数控装置（包括主轴驱动和进给驱动的伺服系统）外，还包括强电系统。强电系统主要由普通交流电动机的驱动和加工中心电气逻辑控制装置 PLC 及操作盘等部分构成，其强电系统的维护保养主要包括普通继电接触器控制系统和可编程序控制器的维护保养。

（1）普通继电接触器控制系统的维护保养　经济型加工中心采用普通继电接触器控制系统。其维护保养工作，主要是采取措施防止强电柜中的接触器、继电器产生强电磁干扰。加工中心的强电柜中的接触器、继电器等电磁部件均是数控系统的干扰源。由于交流接触器、交流电动机的频繁起动、停止时，其电磁感应现象会使数控系统控制电路中产生尖峰或波涌等噪声，干扰系统的正常工作，因此一定要对这些电磁干扰采取措施予以消除。例如，对于交流接触器线圈，可在其两端或交流电动机的三相输入端并联 RC 网络来抑制这些电器产生的干扰噪声。此外，要注意防止接触器、继电器触头的氧化和触头的接触不良等。

（2）可编程序控制器的维护保养　可编程序控制器也是加工中心上重要的电气控制部分。加工中心强电控制系统除了对加工中心辅助运动和辅助动作控制外，还包括对保护开关、各种行程和极限开关的控制。可编程序控制器可代替加工中心上强电控制系统中的大部分电气控制部分，从而实现对主轴、换刀、润滑、冷却、液压和气动等系统的逻辑控制。可编程序控制器与数控装置合为一体时则构成了内装式 PLC，而位于数控装置以外时则构成了独立式 PLC。由于 PLC 的结构组成与数控装置有相似之处，所以其维护保养可参照数控装置的维护保养。

参 考 文 献

[1] 周桂莲，陈昌金，徐爱民．工程训练教程［M］．北京：机械工业出版社，2015．

[2] 宋瑞宏．机械工程实训教程［M］．北京：机械工业出版社，2015．

[3] 吕怡方，吴俊亮．机械工程实训教程［M］．济南：山东科学技术出版社，2010．

[4] 梁松坚，邹日荣．机械工程实训［M］．北京：中国轻工业出版社，2013．

[5] 于辉，赵德颖．机械工程基础实训［M］．北京：中国标准出版社，2011．

[6] 李晓舟．机械工程综合实训教程［M］．北京：北京理工大学出版社，2012．

[7] 中国工程教育专业认证协会机械类专业认证分委会．高校工程实验实训设备与安全管理［M］．北京：机械工业出版社，2015．

[8] 温秉权，黄勇．金属材料手册［M］．北京：电子工业出版社，2009．

[9] 李书常．简明典型金属材料热处理实用手册［M］．北京：机械工业出版社，2010．

[10] 赵乃勤．热处理原理与工艺［M］．北京：机械工业出版社，2012．

[11] 王正品，李炳．工程材料［M］．北京：机械工业出版社，2012．

[12] 赵程，杨建民．机械工程材料［M］．3版．北京：机械工业出版社，2015．

[13] 杨瑞成，郭铁明，陈奎，等．工程材料［M］．北京：科学出版社，2012．

[14] 张正贵，牛建平．实用机械工程材料及选用［M］．北京：机械工业出版社，2014．

[15] 李新城．材料成形学［M］．北京：机械工业出版社，2004．

[16] 刘建华．材料成型工艺基础［M］．3版．西安：西安电子科技大学出版社，2016．

[17] 张学政，李家枢．金属工艺学实习教材［M］．3版．北京：高等教育出版社，2007．

[18] 朱圣瑜，李新成．机械制造实习［M］．长沙：湖南科学技术出版社，1996．

[19] 侯书林，张炜，杜新宇．机械工程实训［M］．北京：北京大学出版社，2015．

[20] 王瑞芳．金工实习［M］．北京：机械工业出版社，2011．

[21] 高琪．金工实习核心能力训练项目集［M］．北京：机械工业出版社，2012．

[22] 郭术义．金工实习［M］．北京：清华大学出版社，2011．

[23] 曾海泉，刘建春．工程训练与创新实践［M］．北京：清华大学出版社，2015．

[24] 马壮，赵越超，徐萃萍．工程训练［M］．北京：机械工业出版社，2009．

[25] 缪凯歌，翟士述，于素华．数控车编程与操作一体化教程［M］．成都：西南交通大学出版社，2009．

[26] 李国会．数控编程［M］．上海：上海交通大学出版社，2011．

[27] 彼得·斯密德．数控编程手册［M］．罗学科，陈勇钢，张从鹏，等译．北京：化学工业出版社，2012．

[28] 孟玲霞，张志．数控技术实训教程［M］．北京：国防工业出版社，2014．

[29] 白基成．特种加工［M］．北京：机械工业出版社，2014．

[30] 鄂大辛，成志芳．特种加工基础实训教程［M］．北京：北京理工大学出版社，2009．

[31] 刘建伟，吕汝金，魏德强．特种加工训练［M］．北京：清华大学出版社，2013．